U0242874

食帖
WithEating

好好吃饭 才会瘦！

BETTER DIET, BETTER BODY!

林江 主编

中信出版集团 | 北京

图书在版编目（ＣＩＰ）数据

食帖.好好吃饭才会瘦！/ 林江主编.-- 北京：
中信出版社，2019.3（2021.1重印）
ISBN 978-7-5086-9488-7

Ⅰ.①食…Ⅱ.①林…Ⅲ.①饮食－文化－世界
Ⅳ.①TS971.201

中国版本图书馆 CIP 数据核字 (2018) 第 212895 号

食帖.好好吃饭才会瘦！

主　　编：林 江
策划推广：中信出版社
出版发行：中信出版集团股份有限公司
　　　　　（北京市朝阳区惠新东街甲 4 号富盛大厦 2 座　邮编　100029）
承 印 者：鸿博昊天科技有限公司

开　本：787mm×1092mm　1/16　　　印　张：17.75
插　页：8　　　　　　　　　　　　字　数：207 千字
版　次：2019 年 3 月第 1 版　　　　印　次：2021 年 1 月第 4 次印刷
书　号：ISBN 978-7-5086-9488-7
定　价：92.00 元

vol. 26

出版人 / Publisher:

苏静 Johnny Su

总编辑 / Chief Editor:

林江 Lin Jiang

内容监制 / Content Producer:

陈晗 Chen Han

艺术总监 / Art Direction:

吕绍恒 Lv Shaoheng

编辑 / Editor:

陈晗 Chen Han

张双双 Zhang Shuangshuang

孙昌慧 Sun Changhui 马楠 Ma Nan

特约撰稿人 / Correspondent:

Kira Chen AgnesH 欢

特约插画师 / Special Illustrator:

雨子酱 何丹霓 Ricky

特约摄影师 / Special Photographer:

冯子珍 Feng Zizhen

平面设计 / Graphic Design:

吕绍恒 Lv Shaoheng

策划编辑 / Acquisitions Editor:

陈晗 Chen Han

营销编辑 / PR Manager:

陈晗 Chen Han

刘姿婵 Liu Zichan

好好吃饭才会瘦！
CONTENTS

受 访 人

江部康二
日本高雄医院院长，"控糖饮食法"主要倡导人之一。

菊池真由子
日本专业营养师，健康运动咨询师。日本在线咨询协会认定一级在线咨询师。

南瓜子
自由艺术家，独立品牌 MISSNAN 南小姐创始人。

MC 拳王
青年作家，已出版作品《英雄的食材和神做法》。

幕田纯
日本 RIZAP 私人健身中心总教练。

Akino
韩裔美国人，长居美国科罗拉多州，结婚生子后增重 20 公斤，9 个月减肥 24 公斤，自 2014 年起坚持健身至今。

Jini
生于韩国首尔，Instagram 知名减肥博主。

墨菲
美食博主，长居上海，通过健康饮食和适当运动，将体脂率从产后的 27% 减到目前的 18% 左右。

Polly 大宝
运动博主，长居新加坡，坚持健身两年多。

撰 稿 人

周瑾
前 CIFST 运动营养食品分会副秘书长，国家队运动营养师。

Yimi
美食作者，公众号"厨娘心事"主理人。

特 别 顾 问

顾申宇
专业营养师，中国营养学会会员。

BETTER DIET, BETTER BODY!

We Live Only Once.

你只有一生

text | 拉里

"减什么肥啊，胖点更健康！"
"我天天工作这么累，怎么还会变胖？"
"减肥不就是挨饿？我做不到。"
"减肥？这种爱美小女生才会做的事，我就算了吧。"
"想吃什么吃什么，活那么累干吗？"

这些话，我们可能都听过甚至亲口说过。

但如果你真正去仔细了解过"减肥的本质"，就会发现，这几句话，可能是 21 世纪有关"健康"的最大的误解。

没错，不只是有关"减肥"，而是"健康"。肥胖，世界卫生组织确定的十大健康疾病之一。这绝不是危言耸听。

已有充足的医学研究数据表明，超重或者肥胖，都会增加普通人罹患高血脂、高血压、糖尿病、脂肪肝等疾病的风险。

不只是生理疾病，肥胖者更容易感到精神不振与疲惫，也更容易因为体形原因而积累心理压力。所以，"胖点更健康"这种没有任何科学依据的话，除了自欺欺人，没有其他用途。

肥胖问题，之所以在近些年愈发引起重视，是因为它确实已成为全球性的健康困扰，并且日趋严重。根据中国营养学会所做的"中国居民营养与健康状况调查"，相比 2002 年，2012 年中国成人与儿童的超重率与肥胖率都显著上升。

因此，减肥并非爱美女生的专利，甚至不只是成年人才需要。它事关我们所有人。

如果你在意自己的身体健康，不妨算一下自己的 BMI（Body Mass Index，身体质量指数），它是一个可以大致评估你是否存在超重或肥胖问题的基础指数，测算方法也很简单：

BMI= 体重（公斤）/ [身高（米）]²

比如一个人体重 70 公斤，身高 1.75 米，那么他的 BMI 指数就是 70/1.75×1.75=22.86。

以我国的 BMI 判断标准来看，他的 BMI 属于正常范围：

肥胖	BMI ≥ 28.0
超重	24.0 ≤ BMI < 28.0
体重正常	18.5 ≤ BMI < 24.0
体重过低	BMI < 18.5

不过，BMI 并没有将我们的脂肪比例计算在内。也就是说，一个 BMI 指数正常的人，也有可能拥有较高的体脂肪率；而一个 BMI 指数超重的人，也可能脂肪率并不高，而是存在较重比例的肌肉，比如常年健身者或运动员。因此，BMI 只能作为一个大致参考，如果想知道自己真正的肥胖程度，还应该去了解一下自己的体脂肪率。

体脂肪率，也就是身体脂肪重量占体重的百分比。它的测算，自然不像测体重那么简单。现在很多健身房里都配备体脂率测算仪器，原理通常是靠生物电阻抗法。这种仪器受较多因素的影响，比如你身体当时的状态（含水量等）、站姿等，都会影响测算结果，因此，用这种仪器测算最好多次进行，求出一个相对稳定的数值。

那么，怎样才能测出比较准确的体脂肪率？

静水体重测量、DEXA(双能 X 线吸收测量仪)，用这类精密仪器进行测算，是可以获得相对精准的数值的，只是价格不菲。有没有更简单的测算方式？可以试试皮脂测量仪，它只是一种简易的小工具，优点是便于携带、价格低、容易入手，缺点则是也不够精准，可供大致参考。

为什么了解自己的体脂肪率很重要？因为有很多看起来不胖，似乎没必要减肥的人，体脂肪率其实偏高。很多人都不知道什么算健康的"瘦"。就像很多看似没生大病，每天活动自如的现代人，其实一辈子都没体验过真正的"健康"。

所以，我们到底为什么在不知不觉间发胖？

为什么明明工作很累，吃得不多，忙起来甚至不吃饭，肚子上的肉却不仅没少，还越来越多？

其实，问题都出在饮食习惯。

工作累，压力大时，更容易想吃重口味食物或垃圾食品来解压。或者要么自虐式地不吃，要么犒赏式地暴吃，饮食极其不规律，再加上久坐不动，这些才是让忙碌的上班族发胖的元凶。相比之下，那些认真吃一日三餐的上班族，即使没有多做运动，也通常能保持稳定的身材与体重。

为什么节食或完全戒断某种食物的减肥方式都容易反弹？因为任何一种压抑人类天性的减肥方式，都无法长久坚持。而减肥或维持健康身材，不是一周、一个月或一年的行为，而是需要持续一生的事。无论是外形的健美还是内在的健康，难道你只想在今天或今年拥有？不，我们要的是人生在世，每一天都健康，每一天都美好。

只有选择一条能让你积极愉快坚持下去的道路，才有可能实现这个目标。

而这条路说出来，幸福得让很多人不敢相信，那就是：好好吃饭。

减肥的本质，是建立健康的生活方式。好好吃饭，其实就是指健康饮食习惯的建立。具体来说的话，就是按时吃饭，尽量自己做饭，注重营养均衡，选择优质（营养密度高的）天然食材，选用健康的烹饪方式。

为什么要按时吃饭且营养均衡？

首先，按时吃饭是为了减少多余的食欲。其实只要养成一定的吃饭节律，身体就不会在其他时间产生多余的食欲。同时，营养均衡摄入也有助于抑制多余食欲，当一顿饭里吃到了各种类型的食材和摄入了各种营养素时，你的味蕾与身体都会获得满足。

其次，我们的身体是一台非常精密复杂的"机器"，它的正常运转，需要各种必需营养素的协同合作，缺少其中任意一种，都可能造成某个"齿轮"运行错误。只有营养素均衡摄入，才能确保身体各项技能运转正常，代谢也才能正常进行。长久的减肥大计，必须依托于健康运转的身体。

为什么要尽量自己做饭？

《中国居民平衡膳食宝塔（2016）》给出的膳食建议是：我国每人每天摄入的盐分不应超过 6 克，油应在 25~30 克之间。然而，根据中国营养学会做的调查，近年来中国人人均每天摄入的盐分为 9 克，油约为 45 克，远远超过《中国居民平衡膳食宝塔（2016）》中的建议数值。

再看膳食宝塔里的其他建议: 谷薯类每天 250~400 克（其中全谷物和杂豆类 50~150 克，薯类 50~100 克）; 蔬菜类 300~500 克; 水果类 200~350 克; 畜禽肉 40~75 克; 水产品 40~75 克; 蛋类 40~50 克; 奶及奶制品 300 克; 大豆及坚果类 25~35 克。

正如我们对自己身体健康情况的后知后觉，大多数人也尚未意识到自己每天都吃得很不健康。不仅该摄入的食材种类没有摄入够量，不该过量的盐和油还总是超额摄入，能不胖吗？

造成这种现象的原因，一是中国很多地区的烹饪风格与饮食口味，相对来说重油重盐。二是外卖与外食为了迎合大多数人的口味，以及掩盖一些食材的不新鲜，通常会比自己家做饭更偏油偏咸。

想要改善这个现状，最好的办法就是自己做饭。自己做饭，不仅可以更好地选择食材、搭配营养、控制热量，也能用更少的油和盐，更健康的烹饪方式，做出让自己的身体"开心"的食物。

也有人问，是不是健康的料理都不好吃？当然不是，健康和好吃可以兼得。

一是要掌握一些健康烹饪诀窍和搭配方法；二是在吃健康料理的过程中，你的饮食口味其实会发生改变，你对食材的风味会更敏感，对身体的反馈会更有觉知，会发自内心地喜欢上让身体舒服的食物。

那么，究竟该怎样吃，怎样做？这就是我们这本书要解答的问题。另外，七分吃三分练，适当的运动不仅能塑造更好的外形，也能让身体由内而外健康。所以，这本书中也给出了简单、基本且有效的运动指南。

下次再被问"活那么累干吗？"的时候，或许你可以回答："因为我只有一生，只活一次。"更何况，只要习惯了新的生活方式，其实不会觉得累。21天就能养成一个新习惯，一种更健康的生活方式的建立，或许比想象中更快。

而什么才叫累呢？
是始终打不起精神的自己。
是说不上哪里不对但就是不够舒畅的身体。
是对着镜子里的自己叹气。
是暴食一顿之后心里的罪恶感与空虚。
是明明不想这样下去，还骗自己"这样也可以"。

容貌是天生的，健康的身体与理想的身材，却是谁都可以后天塑造。
你只有一生，只活一次，难道不想就在这一生里，遇见更好的自己？

* 单位：100 克可食部分

锌（毫克）	钾（毫克）	总维生素 A(μgRE)	维生素 B$_1$(毫克)	维生素 B$_2$（毫克）	维生素 C(毫克)	维生素 E（毫克）
0.68	599.00	61.00	0.11	0.12	8.80	—
0.14	153.00	5.00	0.02	0.03	47.00	0.71
0.16	77.00	16.20	0.04	0.04	9.70	0.57
0.42	151.00	9.90	0.03	0.04	26.20	0.87
0.08	125.00	20.00	0.04	0.02	18.00	—
0.08	125.00	8.00	—	0.03	16.90	0.11
0.08	166.00	27.00	0.05	0.04	33.00	0.56
0.04	119.00	3.00	0.04	0.02	4.60	2.21
0.02	92.00	6.00	0.03	0.06	6.00	1.34
0.26	166.00	3.00	0.01	0.03	7.00	1.54
0.14	144.00	22.00	0.05	0.02	62.00	2.43
0.08	182.00	145.00	0.01	0.02	43.00	0.30
0.18	190.00	153.00	—	0.01	12.00	—
0.15	256.00	10.00	0.02	0.04	8.70	0.24
0.09	138.00	150.00	0.01	0.04	23.00	1.21
0.10	112.00	75.00	0.02	0.03	6.00	0.10
0.04	120.00	3.00	0.02	0.04	3.00	0.37
0.17	237.00	270.00	—	—	9.30	—
0.07	191.00	5.00	0.03	0.01	4.00	0.34
0.07	135.00	345.00	0.04	0.03	31.20	0.13
0.06	138.00	—	0.05	0.02	22.00	1.14
0.07	222.00	345.00	0.04	0.03	10.00	2.22
28.06	190.00	30.00	—	0.10	2.50	—

* 单位：100 克可食部分

锌（毫克）	钾（毫克）	总维生素 A(μgRE)	维生素 B$_1$(毫克)	维生素 B$_2$（毫克）	维生素 C(毫克)	维生素 E（毫克）
—	177.00	—	—	—	—	—
0.64	154.00	—	0.02	0.04	—	3.62
0.63	106.00	5.00	0.05	0.03	—	5.00
3.81	536.00	2.70	0.31	0.11	—	20.63
0.24	48.00	15.00	0.02	0.02	—	0.80
0.24	92.00	—	0.02	0.06	—	4.50

蔬 菜

	热量（大卡）	碳水化合物（克）	脂肪（克）	蛋白质（克）	纤维素（克）	镁（毫克）	钙（毫克）	锌（毫克
羽衣甘蓝	35.00	4.42	1.49	2.92	4.10	33.00	254.00	0.39
海带	43.00	9.57	0.56	1.68	1.30	121.00	1.23	1.23
菠菜	28.00	4.50	0.39	2.86	1.70	58.00	66.00	0.85
小萝卜菜	23.00	4.10	0.30	1.50	3.20	31.00	190.00	0.19
小萝卜	21.00	3.40	0.10	0.68	1.60	10.00	25.00	0.28
芝麻菜	25.00	3.65	0.66	2.58	1.60	47.00	160.00	0.47
生菜	15.00	2.87	0.15	1.36	1.30	13.00	36.00	0.18
花椰菜	26.00	4.60	0.20	2.10	1.20	18.00	23.00	0.38
西蓝花	34.00	6.64	0.34	2.82	2.60	21.00	47.00	0.41
黄瓜	15.00	3.63	0.11	0.65	0.50	13.00	16.00	0.20
甜椒	20.00	4.64	0.17	0.86	1.70	10.00	10.00	0.13
黄豆芽	122.00	9.57	6.70	13.09	1.10	72.00	67.00	1.17
香菇	34.00	6.79	0.49	2.24	2.50	20.00	2.00	1.03
胡萝卜	41.00	9.58	0.24	0.93	2.80	12.00	33.00	0.24
芦笋	20.00	3.88	0.12	2.20	2.10	14.00	10.00	0.54
白菜	16.00	3.23	0.20	1.20	1.20	13.00	77.00	0.23
大葱	33.00	6.50	0.30	1.70	1.30	19.00	29.00	0.40
香葱（细）	30.00	4.35	0.73	3.27	2.50	42.00	92.00	0.56
西葫芦	17.00	3.11	0.32	1.21	1.00	18.00	16.00	0.32
尖椒（青）	27.00	5.80	0.20	2.00	2.10	15.00	15.00	0.22
辣椒（红，小）	38.00	8.90	0.40	1.30	3.20	16.00	37.00	0.30
秋葵	33.00	7.45	0.19	1.93	3.20	57.00	82.00	0.58
豌豆粒	334.00	65.80	1.10	20.30	10.40	118.00	97.00	2.35
油菜	23.00	3.80	0.50	1.80	1.10	22.00	108.00	0.33
洋葱	40.00	9.34	0.10	1.10	1.70	10.00	23.00	0.17
番茄	16.00	3.18	0.19	1.16	0.90	8.00	5.00	0.14
紫叶生菜	13.00	2.26	0.22	1.33	0.90	12.00	33.00	0.20
海苔	200.00	40.00	—	40.00	40.00	320.00	280.00	4.00
黑木耳（干）	205.00	65.60	1.50	12.10	29.90	152.00	247.00	3.18
茄子	25.00	5.88	0.18	0.98	3.00	14.00	9.00	0.16
滑菇	10.00	4.00	—	2.00	2.00	—	40.00	—
芹菜	16.00	2.97	0.17	0.69	1.60	11.00	40.00	0.13
口蘑	242.00	31.60	3.30	38.70	17.20	167.00	169.00	9.04
土豆	77.00	17.47	0.09	2.02	2.20	23.00	12.00	0.29
牛蒡	72.00	17.34	0.15	1.53	3.30	38.00	41.00	0.33
白萝卜	18.00	4.10	0.10	0.60	1.60	16.00	27.00	0.15
芸豆	333.00	60.01	0.83	23.58	24.90	140.00	143.00	2.79
玉米	112.00	22.80	1.20	4.00	2.90	32.00	5.00	0.90
南瓜	26.00	6.50	0.10	1.00	0.50	12.00	21.00	0.32
卷心菜	25.00	5.80	0.10	1.28	2.50	12.00	40.00	0.18
茴香	31.00	5.90	0.40	2.80	1.80	38.00	178.00	0.70

单位：100 克可食部分

钾（毫克）	总维生素 A(μgRE)	维生素 B$_1$(毫克)	维生素 B$_2$（毫克）	维生素 C(毫克)	维生素 E（毫克）
348.00	1443.60	0.11	0.35	93.40	0.66
89.00	34.80	0.05	0.15	3.00	0.87
311.00	469.00	0.04	0.11	32.10	1.74
296.00	118.00	0.03	0.13	51.00	0.87
233.00	42.00	0.02	0.04	22.80	0.78
369.00	711.90	0.04	0.09	15.00	0.43
194.00	298.00	0.03	0.06	13.20	1.02
200.00	5.00	0.03	0.03	61.00	0.43
316.00	1202.00	0.09	0.13	51.00	0.91
147.00	15.00	0.02	0.03	9.00	0.49
175.00	57.00	0.03	0.03	72.00	0.59
160.00	5.00	0.04	0.07	8.00	0.80
20.00	—	0.29	0.08	1.00	—
193.00	668.00	0.04	0.04	16.00	—
202.00	17.00	0.04	0.05	45.00	—
238.00	20.00	0.04	0.05	31.00	0.76
144.00	10.00	0.03	0.05	17.00	0.30
296.00	77.00	0.04	—	14.00	
261.00	5.00	0.01	0.03	6.00	0.34
209.00	59.00	0.03	0.04	62.00	0.88
222.00	232.00	0.03	0.06	144.00	0.44
299.00	52.00	0.05	0.09	4.00	1.03
823.00	42.00	0.49	0.14	—	8.47
210.00	103.00	0.04	0.11	36.00	0.88
146.00	3.00	0.03	0.03	8.00	0.14
212.00	92.00	0.03	0.03	19.00	0.57
187.00	2247.60	0.06	0.08	3.70	0.15
2400.00	—	800.00	2.40	200.00	—
757.00	17.00	0.17	0.44	—	11.34
229.00	8.00	0.02	0.04	5.00	1.13
—		—			
260.00	10.00	0.01	0.08	12.00	2.21
3106.00	—	0.07	0.08	—	8.57
342.00	5.00	0.08	0.04	27.00	0.34
308.00	—	0.10	0.03	3.00	0.38
227.00	3.00	0.02	0.03	22.00	0.92
1406.00	40.00	0.33	0.06	9.00	0.07
238.00	—	0.16	0.11	16.00	0.46
340.00	148.00	0.03	0.04	9.00	0.36
170.00	12.00	0.02	0.03	40.00	0.50
340.00	402.00	0.02	0.09	26.00	0.94

*1μgRE=1 微克视黄醇当量

水 果

	热量（大卡）	碳水化合物（克）	脂肪（克）	蛋白质（克）	纤维素（克）	镁（毫克）	钙（毫
牛油果	167.00	8.64	15.41	1.96	6.80	39.00	13.0
草莓	32.00	7.68	0.30	0.67	2.00	13.00	16.0
蓝莓	57.00	14.49	0.33	0.74	2.40	6.00	6.00
红莓	52.00	11.94	0.65	1.20	6.50	22.00	25.0
菠萝	45.00	11.82	0.13	0.55	1.40	12.00	13.0
提子（青）	43.00	11.82	0.13	0.55	1.20	12.00	13.0
橙子	49.00	12.54	0.15	0.91	2.20	11.00	43.0
苹果	52.00	13.81	0.17	0.26	2.40	5.00	6.00
梨子	42.00	10.65	0.23	0.50	3.60	8.00	4.00
桃子	39.00	9.54	0.25	1.40	1.50	14.00	9.00
奇异果	61.00	14.66	0.52	1.14	3.00	17.00	34.0
木瓜	29.00	7.00	0.10	0.47	0.80	21.00	20.0
哈密瓜	34.00	8.16	0.19	0.84	1.60	19.00	16.0
香蕉	89.00	22.84	0.33	1.09	2.60	27.00	5.00
杧果	60.00	14.98	0.38	0.82	1.60	10.00	11.0
西瓜	30.00	5.80	0.15	0.61	0.40	10.00	7.00
青苹果	58.00	13.61	0.19	0.44	2.80	5.00	5.00
圣女果	26.00	4.92	0.20	1.64	1.60	11.00	33.0
巨峰葡萄	51.00	12.00	0.16	0.40	0.40	7.00	10.0
葡萄柚	42.00	10.66	0.14	0.77	1.60	9.00	22.0
柠檬	61.00	19.76	0.30	1.10	2.80	8.00	26.0
樱桃	63.00	16.01	0.20	1.06	2.10	11.00	13.0
火龙果	60.00	12.94	—	1.18	2.90	40.00	18.0

豆制品

	热量（大卡）	碳水化合物（克）	脂肪（克）	蛋白质（克）	纤维素（克）	镁（毫克）	钙（毫
鹰嘴豆	92.00	15.38	1.54	4.62	3.10	—	31.0
南豆腐	61.00	1.80	3.69	6.55	0.20	27.00	111.0
北豆腐	98.00	2.00	4.80	12.20	0.50	63.00	138.
豆皮	409.00	18.80	17.40	44.60	0.20	111.00	116.
豆浆	16.00	1.10	0.70	1.80	1.10	9.00	10.0
豆奶	30.00	1.80	1.50	2.40	—	7.00	23.0

* 单位：100 克可食部分

锌（毫克）	钾（毫克）	总维生素 A(μgRE)	维生素 B$_1$（毫克）	维生素 B$_2$（毫克）	维生素 C（毫克）	维生素 E（毫克）
3.10	563.00	66.60	—			
3.11	566.00		1.17	0.22	—	1.01
1.70	103.00		0.11	0.05		0.46
2.02	223.00			—	—	—
3.27	677.00	11.70	0.87	0.21	4.50	0.49
3.62	401.00	3.00	0.28	0.16		4.40
5.98	862.00	20.00	0.30	0.30		4.47
2.21	319.00	3.00	0.39	0.04	—	7.96
0.15	130.00	125.00	0.04	0.04	26.00	0.28
0.46	238.00	—	0.16	0.11	16.00	0.46
3.65	1377.00	5.00	0.20	0.33		17.36
2.83	1503.00	37.00	0.41	0.20		18.90
3.80	256.00		0.33	0.13		0.22
1.55	209.00		0.12	0.03		—
3.10	32.00	—	—	—		—
0.22	42.00	—	—	—	0.50	—
3.00	44.00	15.00	0.02	0.03		0.11

* 单位：100 克可食部分

锌（毫克）	钾（毫克）	总维生素 A(μgRE)	维生素 B$_1$（毫克）	维生素 B$_2$（毫克）	维生素 C（毫克）	维生素 E（毫克）
0.52	163.00	—	—	—	—	—
0.51	156.00	—	0.02	0.10	1.00	—
0.02	176.00	—			5.50	—
0.42	109.00	24.00	0.03	0.14	1.00	0.21
0.59	155.00	26.00	0.03	0.15	1.00	0.12
4.20	180.00	292.20	0.03	0.36	—	0.53
2.92	76.00	202.80	0.03	0.28	—	0.19
2.30	77.00	363.00	0.03	0.40	—	0.53
—	—	—	—	—	—	—
0.01	3.00	3.00	0.04	—	—	—
0.09	120.00	—	0.01	0.02	11.00	—
—	—	—	—	—	—	—
4.34	1661.00	967.00	0.02	0.35	19.00	9.57
0.30	47.00	—	—	—	—	—
0.08	27.00	—	—	—	—	—
0.02	35.00	—	—	—	—	—

肉制品及海鲜

	热量（大卡）	碳水化合物（克）	脂肪（克）	蛋白质（克）	纤维素（克）	镁（毫克）	钙（毫克）	
鲑鱼	142.00	—	7.80	17.20	—	36.00	13.00	
鲈鱼	105.00	—	3.40	18.60	—	37.00	138.00	
龙利鱼	83.00	—	1.40	17.70	—	27.00	57.00	
鳕鱼	88.00	0.50	0.50	20.40	—	84.00	42.00	
比目鱼	107.00	0.50	2.30	21.10	—	32.00	107.00	
海虾	79.00	1.50	0.60	16.80	—	46.00	146.00	
牛肉（里脊）	107.00	2.40	0.90	22.20	—	29.00	3.00	
猪里脊	155.00	0.70	7.90	20.30	—	28.00	6.00	
鸡胸肉	133.00	2.50	5.00	19.40	—	28.00	3.00	
鸡腿	181.00	—	13.00	16.00	—	34.00	6.00	
鸡胗	118.00	4.00	2.80	19.20	—	15.00	7.00	
鸭胸肉	90.00	4.00	1.50	15.00	—	24.00	6.00	
鸡蛋	143.00	2.80	8.80	13.30	—	12.00	56.00	
火腿	330.00	4.90	27.40	16.00	—	20.00	3.00	

坚果种子类

	热量（大卡）	碳水化合物（克）	脂肪（克）	蛋白质（克）	纤维素（克）	镁（毫克）	钙（毫克）	
奇亚籽	486.00	42.12	30.74	16.54	34.40	335.00	631.00	
扁桃仁（大）	579.00	21.55	49.93	21.15	12.50	270.00	269.00	
亚麻籽	534.00	28.88	42.16	18.29	27.30	392.00	255.00	
核桃（干）	654.00	13.71	65.21	15.23	6.70	158.00	98.00	
腰果	553.00	30.19	43.85	18.22	3.30	292.00	37.00	
南瓜子仁	574.00	14.71	49.05	29.84	6.50	550.00	52.00	
葵花籽仁	615.00	20.00	51.46	20.78	8.60	325.00	78.00	
花生仁（生）	567.00	16.13	49.24	25.80	8.50	168.00	92.00	
开心果	562.00	27.51	45.39	20.27	10.30	121.00	105.00	
松子仁	673.00	13.08	68.37	13.69	3.70	251.00	16.00	

* 单位：100 克可食部分

（毫克）	钾（毫克）	总维生素 A(μgRE)	维生素 B_1（毫克）	维生素 B_2（毫克）	维生素 C（毫克）	维生素 E（毫克）
1.11	361.00	45.00	0.07	0.18	—	0.78
2.83	205.00	19.00	0.03	0.17	—	0.75
0.05	309.00	6.00	0.03	0.05	—	0.64
0.86	321.00	14.00	0.04	0.13	—	—
0.92	264.00	117.00	0.03	0.04	—	2.35
1.44	228.00	—	0.01	0.05	—	2.79
6.92	140.00	4.00	0.05	0.15	—	0.80
2.99	317.00	5.00	0.47	0.12	—	0.59
0.51	338.00	16.00	0.07	0.13	—	0.22
1.12	242.00	44.00	0.02	0.14	—	0.03
2.76	272.00	36.00	0.04	0.09	—	0.87
1.17	126.00	—	0.01	0.07	—	1.98
1.29	154.00	234.00	0.11	0.27	—	1.84
2.16	220.00	46.00	0.28	0.09	—	0.80

* 单位：100 克可食部分

（毫克）	钾（毫克）	总维生素 A(μgRE)	维生素 B_1（毫克）	维生素 B_2（毫克）	维生素 C（毫克）	维生素 E（毫克）
4.58	407.00	16.20	0.62	0.17	1.60	0.50
3.12	733.00	—	0.02	1.82	26.00	18.53
4.34	813.00	—	0.29	0.28	—	12.93
3.09	441.00	5.00	0.15	0.14	1.00	43.21
5.78	660.00	8.00	0.27	0.13	—	3.17
7.64	788.00	—	0.23	0.09	—	13.25
5.00	645.00	—	1.89	0.16	—	79.09
3.27	705.00	5.00	0.72	0.13	2.00	18.09
2.20	1025.00	154.80	0.87	0.16	5.60	2.86
6.45	597.00	7.00	0.41	0.09	—	34.48

主 食

	热量（大卡）	碳水化合物（克）	脂肪（克）	蛋白质（克）	纤维素（克）	镁（毫克）	钙（毫克）
藜麦	356.00	66.67	5.56	13.33	4.40	197.00	47.00
燕麦	246.00	66.22	7.03	17.30	15.40	235.00	58.00
大米	358.00	79.15	0.52	6.50	2.80	34.00	13.00
糙米	357.00	76.19	2.92	7.94	2.40	143.00	23.00
小扁豆	352.00	63.35	1.06	24.63	10.70	47.00	35.00
荞麦	337.00	73.00	2.30	9.30	6.50	258.00	47.00
麸皮	216.00	64.51	4.25	15.55	42.80	382.00	206.00
燕麦粉	376.00	67.80	7.20	12.20	4.60	146.00	27.00
红薯	102.00	24.70	0.20	1.10	1.60	12.00	23.00
玉米	112.00	22.80	1.35	4.00	2.90	37.00	2.00
黑豆	341.00	62.36	1.42	21.60	15.50	243.00	224.00
黄豆	345.00	60.70	2.60	34.00	25.10	222.00	166.00
黑米	342.97	75.10	1.70	8.30	2.60	165.00	13.86
通心粉	348.00	75.03	0.10	11.90	0.40	58.00	14.00
杏仁粉	420.00	76.00	9.00	8.00	4.00	275.00	216.00
乌冬面	124.00	27.54	0.40	2.40	0.40	2.00	8.00
魔芋	7.00	3.30	0.10	0.10	3.00	26.00	68.00

奶制品及饮品

	热量（大卡）	碳水化合物（克）	脂肪（克）	蛋白质（克）	纤维素（克）	镁（毫克）	钙（毫克）
脱脂希腊酸奶	75.00	10.13	0.39	8.81	0.40	11.00	110.00
脱脂酸奶	57.00	10.00	0.40	3.30	—	10.00	146.00
椰子水	29.00	6.97	—	0.30	—	2.00	6.00
牛奶	54.00	3.40	3.20	3.00	—	11.00	104.00
全脂酸奶	72.00	9.30	2.70	2.50	—	12.00	121.00
帕尔玛奶酪碎	420.00	13.91	27.84	28.42	—	34.00	853.00
马苏里拉奶酪	299.00	2.40	22.14	22.17	—	20.00	505.00
切达奶酪	412.00	0.10	34.40	25.50	—	25.00	720.00
奶油奶酪	357.00	3.57	35.71	7.14	—	—	71.00
鲜榨橙汁	30.00	7.40	—	0.10	—	1.00	7.00
柠檬汁	27.00	5.50	0.20	0.90	0.30	12.00	24.00
黑咖啡	15.00	4.00	—	0.31	—	—	—
绿茶（茶叶）	328.00	50.3	2.30	34.20	15.60	196.00	325.00
啤酒	32.00	—	—	0.40	—	6.00	13.00
红葡萄酒	74.00	—	—	0.10	—	8.00	20.00
白葡萄酒	66.00	—	—	0.10	—	3.00	18.00

They All Lose Their Weight.

后来，他们都瘦了

孙昌慧 马楠 | interview & edit

壁花小姐在厨房健身

形体健身科普作者

① **你觉得现代人为什么会发胖？你胖过吗？因为什么？**

发胖的原因，除了因为生病用药用激素这类外在因素之外，其他都大同小异：1. 长期能量摄入大于消耗就一定会整体胖。2. 营养素不均衡也会发胖。摄入大于消耗，就是你吃的东西比你代谢的要多，多出来的部分，身体就会转换成脂肪存在身体里。营养素不均衡是指吃的东西种类太单一，身体无法合理利用营养转换合成。比如每天应该吃的东西应该有足够的碳水化合物、蛋白质、脂肪，比例为 5:3:2，任何一种营养素的长期缺失或过量，都有可能改变身体的正常运转，比如碳水化合物摄入太多，蛋白质太少，腰腹脂肪堆积就会更明显。

我不知道自己算不算别人眼里的"胖"过。我身高 166 厘米，近 10 年最重的体重是 56 公斤，最轻的时候 46 公斤，对我自己来说，56 公斤就算胖过了，对一些人来说可能 56 公斤属于理想体重。体重基数不大的，更需要在乎的是体脂率和身体的围度，我体脂最高的时候反而不是体重最大的时候。

② **现在会不会注意保持身材？为什么？**

不能说依然，应该说现在比之前更加注意保持。因为变老了呀。随着年龄增长，新陈代谢变慢、肌肉萎缩、脏器功能变弱这些都是不可避免的。年轻时不容易变胖，年纪增加了年轻的这些优势都几乎没了，为了维持最佳

状态，现在的保持会增加更多的科学性和持续性，意志力在这时候就尤其重要了。

③ **你理解的"理想身材"是怎样的？**

自己喜欢的、可以通过努力达到并且努力了的就算。有很多人对理想身材有着不切实际的幻想，特别是对骨骼框架的要求。我是个务实主义者，不切实际的想法不多，我认为确认可以得到的才能算"理想"，其他的都属于"想象"，得不到的想来干吗。

④ **你理解的"健康饮食"是怎样的？**

健康饮食首先是营养素要均衡合理，其次热量要合理，最后是开心。100% 自律的饮食模式太闷了，每周只要能保证 80% 的时间里饮食是健康的就足够，剩下的 20% 开心就好。

⑤ **分享一种你真心觉得好吃的"健康食物"吧！**

想了 7 分 23 秒，我好像不太挑食。而且吧，我觉得每个人在身体的每个阶段反应都不太一样。比如这段时间我特别喜欢各种豆腐，麻婆豆腐、红烧豆腐、家常豆腐等。而前段时间我喜欢的是排骨，各种排骨，蒜香骨、豆豉蒸排骨、京都排骨。至于健不健康，还是取决于做法吧，公认的健康食物西蓝花，你要用油炸或者红烧做法，也是不健康的。

奕含酱

旅行、美食博主

贝勒 orz

愿世界和平吃喝不停

① 你觉得现代人为什么会发胖？你胖过吗？因为什么？

现代人工作压力大，很容易过劳肥。我曾在怀孕时因为工作压力太大，每天狂吃，导致体重从 100 斤长到 180 斤。

② 现在会不会注意保持身材？为什么？

现在会注意保持身材，因为通过运动和轻断食，从 180 斤瘦到 110 斤不容易，不想再胖回去了，所以每天都会运动以保持身材。

③ 你理解的"理想身材"是怎样的？

理想身材就是没有多余的赘肉吧。

④ 你理解的"健康饮食"是怎样的？

不吃垃圾食品，少油少盐，尽量自己做饭。

⑤ 分享一种你真心觉得好吃的"健康食物"吧！

用"日式火锅浓汤块"水煮的青菜，我觉得超级好吃又低热量。

① 你觉得现代人为什么会发胖？你胖过吗？因为什么？

发胖的原因 99% 是"懒"。我这两年明显发福，长了快 40 斤。

② 现在会不会注意保持身材？为什么？

现在会注意减少饭量，提高运动量，因为还是挺在意形象的。

③ 你理解的"理想身材"是怎样的？

理想身材当然是像游泳运动员那样，匀称且有腹肌的状态。

④ 你理解的"健康饮食"是怎样的？

健康饮食就是千万别挑食，不要过度摄入某一种食物，七八分饱最好。

⑤ 分享一种你真心觉得好吃的"健康食物"吧！

沙拉是我能想到的既营养丰富又味道好的食物，还可以加蛋、鱼和肉类。

蘑菇花园厨房

爱摄影、爱美食和手作的平面设计师

秦永笑 Brian

职业厨师、Brian 私厨工作坊创始人、《魔
力美食》节目特约顾问，曾被中国烹饪协
会评选为"中国餐饮青年精英"

① **你觉得现代人为什么会发胖？你胖过吗？因为什么？**

饮食不规律，三餐搭配不科学，比如晚餐吃得太丰盛、
摄入太多含糖量高的食物或过多的肉类；每天运动量太
少；无形中摄入的各类食品添加剂也很容易导致发胖。
以前上学的时候，有段时间特别爱吃零食，胖了好几斤（如
果这算胖过的话）。

② **现在会不会注意保持身材？为什么？**

会的，保持良好的身材不但可以穿自己喜欢的漂亮衣服、
保持健康的身体，还能让你看起来比实际年龄年轻许多。

③ **你理解的"理想身材"是怎样的？**

不要太胖或太瘦，也不需要肌肉型的健美体形，我喜欢"刚
刚好"的健康匀称体形。

④ **你理解的"健康饮食"是怎样的？**

三餐规律，多吃新鲜蔬菜和水果，多喝水，尽量吃自然
健康无添加的食物。

⑤ **分享一种你真心觉得好吃的"健康食物"吧！**

鳄梨，可变换出各种美味又健康的美食。

① **你觉得现代人为什么会发胖？你胖过吗？因为什么？**

现代人容易发胖，主要是因为饮食和作息的不规律。我
有段时间在国外生活，经常吃面包、喝奶茶，里面有大
量的黄油和奶油，以及反式脂肪酸，所以当时胖到了
220 斤。

② **现在会不会注意保持身材？为什么？**

我现在肯定会提醒自己保持身材。首先是想要好的外表，
其次是让身体机能保持更加健康的状态。我现在每周二
和周四晚上都会去踢足球（2 小时 / 次），以及每周 2~3
次的游泳健身。因为职业关系，我需要不停地做菜、试菜，
没办法在饮食上控制得非常"健康"，所以必须通过锻
炼来抵消热量。

③ **你理解的"理想身材"是怎样的？**

目前体重保持在 170 斤左右，理想体重是 150~160 斤之
间，比较喜欢有一定的肌肉量的结实身材。

4. **你理解的"健康饮食"是怎样的？**

健康饮食需要专门的膳食管理，才能养成健康科学的饮
食习惯。

5. **分享一种你真心觉得好吃的"健康食物"吧！**

我个人比较喜欢甜品，比较推荐胡萝卜蛋糕，这是在满
足吃甜品的喜好之下，一个比较健康的选择。另外，鳄
梨果昔挺不错的。

lcy

餐桌品牌 Ginger Garden 主理人，至今
已举办过多场"植物性饮食"长餐桌活动。
出于对健康美食的热爱，自学营养学及烹
饪三年多。

① 你觉得现代人为什么会发胖？你胖过吗？因为什么？

我认为在发胖因素里，"情绪管理"占首位。情绪化的
暴饮暴食、面对压力时管理不当等情况会带来身体发胖。
胖过，比如青春期的时候，那时爱吃各类油腻的食物。

② 现在会不会注意保持身材？为什么？

会注意，因为想要保持一个健康的身材和状态，这样也
会让自己开心。

③ 你理解的"理想身材"是怎样的？

我觉得不存在理想身材这件事，如果一定要说的话，应
该就是在保证身体健康的情况下让自己开心满意的身材
吧。

④ 你理解的"健康饮食"是怎样的？

在了解自己的前提下，多吃当地的、新鲜的时令食物。
尽量保持简单的食材烹饪方式，少吃精加工食品，尤其
注意糖分摄入，偶尔想吃什么就吃什么。
但这只是很客观的个人答案，因为我找到了适合自己的
"健康饮食"。能够做到去感受食物给身体带来的变化，
才是健康的饮食方式。思考每一种食物、每一餐是否真
的适合你的身体，渐渐摸索出适合自己的饮食方式。

⑤ 分享一种你真心觉得好吃的"健康食物"吧！

燕麦粥。
燕麦粥对于我来说，是一个很暖身的存在，口感浓稠绵
密并且口味多样化。
早起用各种植物奶煮燕麦粥，光是闻到香味就很开心了。
在煮的过程中或者是煮完后加入一些莓果和超级食物，
口味可甜可咸，能简单地搭配出营养丰富的早餐。比如
菠菜蘑菇素芝士燕麦粥、杏仁酱可可燕麦粥、姜黄燕麦
粥等，还可以根据时令加入一些点睛之笔的食材，总之，
口味多变又好吃的燕麦粥，是我心里健康食物的第一名。

Alextang888

知名运动博主、头条文章作者、微博签约
自媒体

**① 你觉得现代人为什么会发胖？你胖过吗？有的话因为
什么？**

以我个人的观点，现代人发胖的主要原因是缺乏运动，
同时从食物中摄入了过多的热量。我没有胖过。

② 现在会不会注意保持身材？为什么？

对于健美身材的追求和模特行业的职业特点，让我非常
注意保持身材。

③ 你理解的"理想身材"是怎样的？

我心目中的理想身材应该是身体线条清晰、肌肉结实饱
满的，但并不需要一味追求健美比赛选手那样的身材。

④ 你理解的"健康饮食"是怎样的？

健康饮食对于我而言更多的是指一种健康而长期的饮食
习惯，清淡、少油腻、少脂肪，以摄取食物本身的营养
为主要目的，同时注意营养搭配要均衡全面。

⑤ 分享一种你真心觉得好吃的"健康食物"吧！

我个人比较喜欢的健康食物是牛排、鸡胸肉和海鲜，以
及五颜六色的新鲜蔬菜配餐，再搭配少许像糙米、红薯
之类的复合碳水化合物作为主食，就是营养很均衡的一
餐了。

是肉凡啊

美食博主

原大酥

摄影师、Fittime 睿健时代销售总监、口袋
减脂营联合创始人、美国运动委员会认证
教练

---

① 你觉得现代人为什么会发胖？你胖过吗？因为什么？

我认为以奶茶和甜品为代表的各种网红食品的大量涌现，让人们在无形中摄入了过多的糖分，同时，夜生活的丰富也让年轻人对夜宵越来越依赖。再加上三餐不规律，经常不吃早饭而把晚饭当大餐，所有这些不良饮食习惯都是现代人发胖的原因。我自己也是因为这些原因在逐渐迈入微胖界。

② 现在会不会注意保持身材？为什么？

会，因为开始意识到自己并不是一直以来所相信的那种吃不胖体质，护身符渐渐过期了。

③ 你理解的"理想身材"是怎样的？

我心目中最理想的身材应该是看起来健康、阳光的，不可能人人都是维密（时尚品牌"维多利亚的秘密"）的模特，毕竟维密的 T 台也不是每个人能登上的（笑）。

④ 你理解的"健康饮食"是怎样的？

在我看来戒糖是健康饮食的第一步，少吃甜品及过度加工的甜面包，多吃"神"造的、天然的食物，少吃人造的深加工食品。

⑤ 分享一种你真心觉得好吃的"健康食物"吧！

我喜欢自制各种果蔬思慕雪，好吃有内涵，做法又很简单，但是口味和营养却一点都不简单。尤其是到了夏天，简直是每天的刚需。在我的微博里有好几款菜单，而我目前最偏爱的应该是鳄梨和羽衣甘蓝的组合吧！

---

① 你觉得现代人为什么会发胖？你胖过吗？因为什么？

发胖的体质特性是千百年来人类进化至今得到的较好、较节约能源的生存手段，所以我们携带的是易胖并倾向于囤积脂肪的基因。现代人因基因而对能量有极度渴望，获得食物又非常容易，所以会发胖。

我不知道该用一个什么样的标准去判断胖，但以我自己的审美，对"好"或"不好"的身材有一个比较明确的定义。我不好过，在我练之前就很不好。开始健身之后也有一段不好，或者说我不满意的时间，你可以将它定义为"胖"。我胖的原因很简单，在不太控制饮的时期会逐渐对高热量食物越来越放松，难以抵挡它们的诱惑。

② 现在会不会注意保持身材？为什么？

肯定会的，年轻人来势汹汹，我需要保持我的竞争力。但最根本的原因还是一个大肚子完全不能展示我的价值，好身材是我直观展示个人价值的重要一点，虽然有些肤浅，但是在和一个人没有进行任何交流的时候，他第一眼看到的就是我的身材和外形管理。

而且我还需要非常刻意地去保持，因为在我这个年龄（31岁）保持体形非常不容易。有些年轻人自己都不知道为什么身材会那么好，比如很多小女孩，怎么吃都不胖，其实就是因为她们年轻，在基因上又有一定的优势。

③ 你理解的"理想身材"是怎样的？

我个人理解的理想身材并不是肌肉维度的大小，或者个子有多高、肩有多宽等，这些都是我们从基因中得到的。很多人天生就比较容易长肌肉，他们的力量很大，骨架偏宽、偏长地去长，于是就会很高，肩很宽，很漂亮。但是大多数人不具备这种天赋，不是基因的胜者，于是每个人实际上可以后天控制的就是体脂。无论我们是高矮美丑、天赋如何，都应该控制身体上的脂肪。过多的脂肪就是我们不自律的结果，也是一种不美的体现。

④ 你理解的"健康饮食"是怎样的?

我觉得"健康饮食"并不特指某种菜系或食物,也不是生食、水煮或清蒸之类的烹饪方式,这些都是减脂的手段而不是饮食本身。健康饮食应该是基于对营养原理的归纳和总结,让身体在多数情况下吃不出"毛病"。虽然轻断食或断糖、断脂肪等都可以达到减脂目的,但前提是你要找到适合自己的方法,让你的方法不会带来另一方面的副作用,比如说摄入过少、极度缺乏能量导致的健康受损等。所以"过少"和"过多"的两极都不去触碰,让自己大多数时间在中间状态游走,就是我理解的健康饮食。

⑤ 分享一种你真心觉得好吃的"健康食物"吧!

我不是一个食欲很强的人,不会拿吃作为爱好,所以这也许是我比较容易控制身材的一个先天优势吧。健康食材的话,我推荐去皮鸡腿肉,是非常好的蛋白质来源。很多健身的人应该都知道啃鸡胸是一件特别崩溃的事情,相比鸡胸,鸡腿肉的脂肪含量会稍微高一些,但还是远比所有的红肉低,包括很多减脂餐里也会有的牛肉。而且它的口感不比任何一种肉差。所以如果你不喜欢鸡胸肉,又想找到理想的蛋白质来源的话,可以试试鸡腿肉。

一瓜

自媒体博主、健康饮食博主

① 你觉得现代人为什么会发胖?你胖过吗?因为什么?

我觉得现代人发胖的原因有以下几点:首先,是垃圾食品的猛攻,重油、重盐、重糖及反式脂肪酸等添加太多,不管是餐厅还是零食,都以"用料足"为卖点,很难不被诱惑。其次,现代人生活环境安逸,每天对着电脑办公,运动量很少。最后,过劳肥和压力胖也不容忽视,压力大的时候把"吃"当作一种减压方式、休息不好、吃饭作息不规律等都会发胖。

我胖过,身高1米69,最胖的时候60公斤,现在差不多在51公斤上下浮动。大三时去韩国留学了一年,刚去时觉得什么都好吃,炸鸡、比萨、意面几乎每天都吃,香蕉牛奶最多一天能喝4瓶……不到半年,就从54公斤长到了60公斤。

② 现在会不会注意保持身材?为什么?

肯定会注意身材啊!现代社会对女性的要求这么严苛,连指甲缝都要干干净净,谁能逃得过时代对身材的审视呢?我们要承认的是,瘦了确实好看——当然,这也是一个时代的特点,就像唐朝以胖为美一样,在当今社会,瘦就是美的。我们当然可以不认同,但以一己之力也很难改变时代大势。爱美之心人皆有之,谁都想成为更好的自己,所以很难不在乎自己的身材。变瘦变美的同时也会更加自信,对生活各方面的影响都是非常积极、正向的。

③ 你理解的"理想身材"是怎样的?

每个人对理想身材的定义都不同,我不反对"纸片人"的审美,也承认凹凸有致的欧美风确实很性感,但是我认为只要不是病态的过胖或过瘦,健康且有活力的身材就都是很理想的。另外,自信就是美的!无论身材如何,从内心由衷地接纳自己身体的不完美,在不损害健康的原则下努力改善体态,变得自信,是我对理想身材的要求和态度。

④ 你理解的"健康饮食"是怎样的?

我算是一个健康饮食痴迷者了,也走过一些弯路,曾因为节食而引发短暂的暴食问题。因此我认为,健康饮食应该是顺应身体需求的,要保证碳水化合物、蛋白质、脂肪等营养素均衡合理的摄入,千万不能为了减肥而不吃主食和脂肪。在食材方面尽量选用应季、新鲜、健康的;在调味料上学会替代,比如用相对低GI(升糖指数)的椰子糖,或者甜菊糖、赤藓糖醇等代替白砂糖;在食用油的选择上,尽可能用不饱和脂肪酸含量高的等。概括来说,就是顺应身体,营养素摄入合理均衡,食材健康,学会替代。

⑤ 分享一种你真心觉得好吃的"健康食物"吧!

如果只推荐一种的话,我首选藜麦。

联合国粮农组织(FAO)已经正式将藜麦称作最适宜人类的全营养食品了。藜麦的营养成分与全脂奶粉极为接近,作为植物却含有动物才具有的完全蛋白,这是非常罕见的。而且藜麦的 GI 值、热量都比较低，不会像大米一样引起血糖剧烈升高，还含有丰富的膳食纤维，是完美的主食替代品。藜麦做起来也很省事，将藜麦和水按照 1:1.5 的比例，一起煮大约 15 分钟，待藜麦成发芽的小圆圈状，水分全部吸干，就可以吃了！

神婆

微信公众号"神婆爱吃"创始人，专栏美食作家，生活美学设计者

① 你觉得现代人为什么会发胖？你胖过吗？因为什么？

因为忙着抛弃自己作为生物的生活。发胖的理由太多了，作息不规律、没机会运动、吃得太多……我本来就不瘦，因为职业关系。

② 现在会不会注意保持身材？为什么？

会啊，因为经常要出镜。之前有一次别人拍摄的我的视频，我自己都不敢在微博上转发，惨不忍睹，那次受刺激了。

③ 你理解的"理想身材"是怎样的？

穿衣显瘦，脱衣有"肉"。

④ 你理解的"健康饮食"是怎样的？

健康饮食并不是现在很多人所理解的"轻食"，而是说要跟着时节来吃自然长成的食物，精细一点，要参照每个人的不同体质区分对待。很多人脾胃不好，就不适合总喝果汁、吃沙拉，还有些人对某些健康食物过敏，比如有的朋友吃海鲜会肿到呼吸道阻塞。不够了解自己的话，会容易出问题。这是一个科学问题。

⑤ 分享一种你真心觉得好吃的"健康食物"吧！

有个很好的"早茶"，适合刚才说的脾虚的人，味道也好。就是小锅煮开红糖姜水，磕一颗兰皇蛋（一个可生食鸡蛋品牌）下去，马上关火，晾到半凉就可以吃了。温泉蛋的口感，汤汁非常香。

momo 酱也是徐老师

热爱美食的"夜车司机"，美妆界的相声演员

① 你觉得现代人为什么会发胖？你胖过吗？因为什么？

现代人发胖的最根本原因就是科技太发达。我就不相信古时候的人难道就不懒吗？只是因为没有外卖嘛。我胖过啊，因为"肥宅快乐水"（指可乐）。那时候我在美国念书，两块多美金就能买一箱"肥宅快乐水"。

② 现在会不会注意保持身材？为什么？

现在对身材会注意很多，因为只要稍微长点肉拍视频就会显胖。

③ 你理解的"理想身材"是怎样的？

我比较喜欢健康的身材，有肌肉线条、有曲线、肉很扎实的那一种。

④ 你理解的"健康饮食"是怎样的？

别吃你妈不让你吃的东西，基本上就比较健康了。

⑤ 分享一种你真心觉得好吃的"健康食物"吧！

建议大家试用烤箱烤羽衣甘蓝，自己淋点橄榄油，撒点喜欢的佐料，放进烤箱就行，跟薯片差不多好吃，还不含那么多脂肪。

不吃
碳水化合物行不行?

WARNING WARNING WARNING

不行!!

不吃蛋白质行不行

……为啥不

Chapter One

试试!

CARBOHYDRA
FATS
PROTEINS
FIBERS
MINERALS
WATER

CARBOHYDRATES

PROTE

FIBERS

理论篇

DRATES

每日四省吾身·

今天吃蔬菜

今天吃蔬菜水果了吗?
今天吃粗粮

NO! NO! NO!

WARNING!

卡路里不是魔鬼!
你该警惕的是"坏"卡路里!

WARNING WARNING WARNING

不吃脂肪不行？ 不喝
水行不行？
蛋白质?? 不行!! 你行你试试。

CARBOHYDRATES
FATS
PROTEINS
FIBERS
MINERALS
WATER

MINERALS
WATER

不行！ CARB

WARNING!
不考虑营养均衡的减肥饮食法都是扯淡。
不吃饭，不会瘦，会"死"。

NO!

了吗？ NO!
今天吃优质蛋白质了吗？
今天喝足够多的水了吗？

MINE
WARNING

Irreplaceable Carbohydrate

无可取代的碳水化合物

张双双 | edit

雨子酱 何丹霓 Ricky | illustration

Wikimedia Commons | photo

对于减肥健身人士来说，碳水化合物应该算得上是"魔鬼中的天使"。一方面，过量食用碳水化合物会使体重居高不下；另一方面，没有足够的碳水化合物的参与，肌肉又难以形成，看不到辛苦健身的效果。

那么，到底什么是碳水化合物？碳水化合物就等同于糖吗？在碳水化合物取舍上，我们到底应该何去何从？

认识碳水化合物

碳水化合物（carbohydrate）是由碳、氢、氧三种元素组成的，其中氢、氧的比例为 2:1，和水相同，因此被称为碳水化合物。

碳水化合物是能够为人体提供热能的三种主要营养素中最廉价的一种，却是人体必不可少的一种。

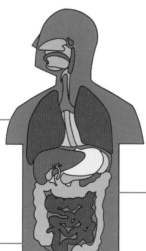

因为碳水化合物除了能够快速给身体供应能量之外，还需要参与生命细胞的构成和调节。

除此之外，碳水化合物还有节约蛋白质、抗生酮、解毒等其他附加作用。

碳水化合物其实并不能够等同于我们日常说到的糖。根据《中国居民膳食指南（2016）》，成年人每天对糖的摄入量应在 50 克以下，最好控制在 25 克以下，碳水化合物需要摄入超过 100 克，这也就意味着，碳水化合物的来源和分类并没有那么简单。

We all have carbohydrates!

○ 我们都包含碳水化合物！

主要的膳食碳水化合物分类：

分类	亚组	组成	亚组
糖	单糖	葡萄糖、果糖、半乳糖	水果
	双糖	蔗糖、乳糖、麦芽糖	白砂糖
	糖醇	山梨醇、甘露醇	
寡糖	异麦芽低聚寡糖	麦芽糊精	发酵食品（酱油、黄酒）
	其他寡糖	低聚果糖	香蕉、蜂蜜、西红柿等
多糖	淀粉	直链淀粉、支链淀粉、变性淀粉	土豆、红薯、南瓜灯
	非淀粉多糖	纤维素、果胶、亲水胶物质	蔬菜

○ 资料来源：《医学营养学》碳水化合物章

在日常饮食中，主要接触到的就是单糖、双糖和多糖。单糖从结构上看无法分解为更小的碳水化合物，因此是糖类中最小的分子。虽然小，单糖却是人体新陈代谢中的主要燃料，能在最快的时间内为身体提供能量。除了直接供能，一部分单糖还会转化为肝脏及肌肉细胞中的糖原，即动物细胞内用于储存能量的多糖。

双糖，水解后可以产生两个分子单糖的糖的。双糖进入人体后，会先被分解为单糖，之后再向人体供应能量。如果单糖和双糖同时被摄入，那么身体就会优先选择单糖

进行消化。

多糖，可以理解为多个单糖组合在一起，同样是常见的能量来源之一。如上所述，动物细胞内的糖原就是多糖，而在植物中，多糖通常以"淀粉"和"非淀粉多糖"两种形式存在。其中，非淀粉多糖主要是指纤维素。

我们的身体可以将淀粉分解成为葡萄糖后吸收，但是纤维素就没那么容易了。纤维素这种复杂的糖无法轻易消化，不过也正因为消化它们需要耗费更多的时间和能量，所以也有营养学家认为多摄入纤维素有助于增强饱腹感和促进消化。

其实单糖、双糖、多糖哪种更健康，不能仅以某一方面来判断，其中尤其不能忽略的一项衡量数据就是 GI（升糖指数）。比如果糖（单糖）分子小，消化快，但是其本身 GI 值低，对血糖水平的变化影响较小。而淀粉（多糖）虽然消化慢，消耗能量大，但是其 GI 值高，能迅速引起血糖水平的波动。因此，在碳水化合物的健康值的衡量上，不能一概而论。

升糖指数（GI）

升糖指数，是专门用来衡量糖类对血糖量影响的数值，在消化过程中迅速分解，并且将葡萄糖迅速释放到循环系统中的糖类，具有高升糖指数（高 GI），反之则是具有低升糖指数（低 GI）。

高 GI 食物有导致高血压、高血糖产生的风险，而低 GI 食物因为释放缓慢，引起血糖反应小，因此有助于避免血糖的剧烈波动，既可以防止高血糖，也能防止低血糖。可以确定的是，多数低 GI 食物有益于大多数人的身体健康。

对于减肥健身人士来说，食物的 GI 值也是和减脂增肌息息相关的。低 GI 食物本身容易使身体产生饱腹感，同时引起较低的胰岛素水平，而胰岛素的作用之一就是促进脂肪的合成。所以，低 GI 食物在一般情况下有助于减少脂肪储存，进而达到瘦身的目的。

按照碳水化合物的分类来看，单糖比多糖具有更高的 GI 值。而多糖（纤维素）不易消化，消化效率低，因此多摄入富含膳食纤维的食物被认为可以减缓血糖反应，既能起到饱腹作用，又有助于控制脂肪生成。

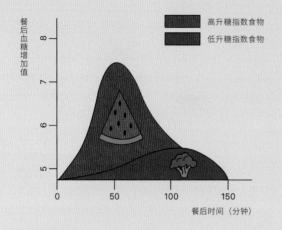

餐后血糖增加值

高升糖指数食物
低升糖指数食物

餐后时间（分钟）

不同的食物有着不同的升糖指数，我们将葡萄糖的 GI 值定为 100，GI > 70 的即为高 GI 食物，GI < 55 的即为低 GI 食物。

常见的高 GI 食物有：精米细面制品（馒头、米饭、面条等）、南瓜、贡丸、肥肠、西瓜、荔枝、凤梨、含糖饮料、砂糖、蜂蜜等。

常见的低 GI 食物有：藜麦、全麦、五谷豆类、各种蔬菜（白菜、黄瓜、芹菜、菌类、花椰菜等）、豆制品、苹果、桃子、雪梨、草莓、低脂牛奶、低脂乳酪、木糖醇等。

由此可见，经过精细加工处理的食物因为内部结构被细化，更容易被身体吸收，引起血糖变化，通常为高 GI 食物。而那些未经加工的粗粮、蔬菜等纯天然食物，因为需要更多时间进行消化，引起血糖变化的速率较为迟缓，即为低 GI 食物。患有血糖疾病或有减肥健身需求的人群，日常饮食应该以低 GI 食物为主，普通人也应该加大低 GI 食物在日常摄入中的比例，促进身体的平衡和健康。

果糖与精制糖

在 20 世纪 70 年代，美国突破技术瓶颈开始将天然果糖大规模提取之后，果糖这一天然糖的优点就开始逐渐显现，但是果糖真的是所谓的"健康糖"吗？

与传统的天然糖相比，果糖的确是低 GI 的糖类，相比于 GI 值 65 的蔗糖，果糖的 GI 值只有 23，有的甚至能低至 19。这主要是因为果糖在体内的代谢速度比葡萄糖和蔗糖都要慢，并且代谢过程不依赖胰岛素，而是直接进入肠道进行消化吸收，在甜度上也要高于其他天然糖，可以在使用过程中适当减少用量。

蔗糖（双糖）广泛存在于各种食用糖中，比如白糖、黄糖、冰糖等。而精米细面如白面包、米饭、馒头的主要构成则是大量的淀粉（多糖）。从数据上看，蔗糖的 GI 值是低于精米细面的，因为蔗糖的构成是 1 分子葡萄糖 +1 分子果糖。其中果糖直接进入肠道不会转化为普通糖，这也就意味着食用蔗糖等于食用了等量葡萄糖（单糖）的一半量而已。而含有淀粉的精米细面会在最后全部分解成葡萄糖，经由消化系统逐步吸收。因此很多含有大量精制糖的食物 GI 值在 60 左右，是葡萄糖（GI 100）和果糖（GI 23）的平均值，低于普通面包的 GI 值（79-80）。不过，蔗糖对血糖的影响也不能只看结构。蔗糖本身属于双糖，在肠道内的吸收不依靠淀粉酶，消化速率快，对身体仍然有较大的影响。

那么，比起精制糖，果糖是否就是更好的选择？不一定。虽然果糖的 GI 值很低，但是含有果糖的水果、蜂蜜等食物却有着相距甚远的 GI 值，比如樱桃的 GI 值只有 22，而西瓜的 GI 值却高达 72。同样，在含有精制糖的食物中，也有 GI 值的高低之分。比如加糖的酸乳酪，GI 值只有 33，而不加的面包却有 65。因此，无论是精制糖还是果糖，就其在血糖应答上的反应来看，还是要具体食物具体分析，不能一概而论，并且，果糖仍被营养学界认为对人体存在一定的危害。

总之，不论什么样的糖，都应该注意其摄入量，同时也没有必要彻底杜绝饮食中的所有糖分。

碳水化合物的作用

尽管诸多研究和数据显示，碳水化合物和血糖疾病、肥胖有着密不可分的关系，但是其本身作为重要营养素之一，也是我们人体必不可少的。碳水化合物的作用和功能主要包含以下几个方面：

① 供给能量：最重要的生理功能。碳水化合物产热最快，供能及时，价格也最低。根据美国和中国的居民膳食指南，我们每天摄入的碳水化合物所提供的能量，应占当日总摄入能量的50%~65%。碳水化合物储存在肝脏和肌肉中被称作糖原，一旦身体需要，糖原就可以迅速分解为葡萄糖，来为身体提供能量，其中包括大脑以及神经组织。所以日常应该保证适量碳水化合物的摄入，以免出现头晕、心悸、昏迷等现象。

② 构成生命机体的重要物质：所有的神经组织和细胞中都含有碳水化合物，它也是控制和代替遗传物质的基础。脱氧核糖核酸和核糖核酸中，也都含有核糖。

③ 节约蛋白质：一个健康的成年人，日常所需机体能量主要来自碳水化合物，但是当碳水化合物供给不上的时候，身体就会通过调动脂肪和蛋白质供能。所以，充足的碳水化合物可以节约蛋白质的消耗，使更多的蛋白质参与构成组织、调节生理机能等重要的生理功能。这也是为什么健身爱好者日常需要维持一定量的碳水化合物摄入，也是为了避免动用肌肉当中的蛋白质，维持肌肉结构。

④ 抗生酮：当饮食中的碳水化合物摄入不足时，肝脏就会将脂肪转化成为脂肪酸和酮体，此时酮体就会运到脑部取代葡萄糖成为能量来源，当血液中的酮体含量达到一定程度时，即为酮症。

对于健康成年人来说，酮体如果在体内积累过量，存在酮症酸中毒的风险。但是也不必过分担心，因为产酮现象需要身体至少在三天时间内都保持低碳水、高脂肪的饮食方式才会出现，所以日常只要注意碳水化合物的正常摄入以及各种营养素的平衡，就能保证身体机能的正常运行。

低碳水饮食法是否有助于减肥？

想要让碳水化合物在身体内正常发挥作用，同时不给身体造成额外负担，的确应该注意碳水化合物的摄入类型以及摄入量。之所以肥胖会和碳水化合物挂钩，其中的原理在于：

饮食中的碳水化合物（包括单糖、双糖、多糖等形态），只有经过消化成为单糖才能被身体吸收，而单糖经过不同器官的转化和代谢，大部分会成为葡萄糖。血液中的葡萄糖，也就是血糖，一部分会直接被组织细胞利用，和氧气反应生成二氧化碳和水，放出热量供应身体所需，而大部分血糖则存在于人体细胞中。如果细胞中储存的葡萄糖已经饱和，那么多余的葡萄糖就会以脂肪的形式储存起来，以备身体的不时之需。所以，如果在日常所需的基础之上过多摄入碳水化合物，就会导致发胖。

因此，阿特金斯减肥法、哥本哈根减肥法、生酮减肥法等超低碳水减肥饮食法在减肥界无人不知，但也饱受争议。

因为碳水化合物在我们的身体里其实担当重任，一味地抗拒碳水化合物的摄入，长期克制身体对碳水化合物的需求，长此以往很容易导致营养不良、无精打采、消化系统紊乱等症状；对减肥人群来说，长期苛减碳水化合物的摄入量还容易导致暴饮暴食，身体机能会促使大脑寻找碳水化合物进行补充，如此更容易陷入减肥—复胖—减肥的恶性循环中。

○ 生酮减肥法的饮食模式

The Secret of Fat

脂肪的秘密

孙昌慧 | edit

雨子酱 何丹霓 | illustration

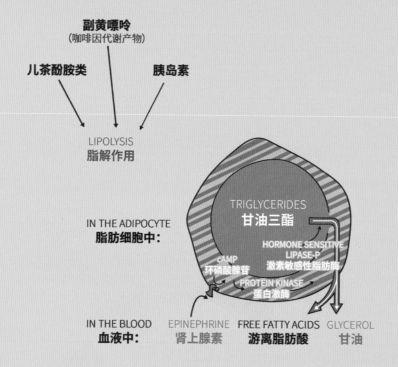

每到藏不住"肉"的时候，总是希望自己拥有某种魔法，让多余的脂肪消失。这样的白日梦，让很多人把脂肪当作理想身材的敌人。然而，脂肪是人体不可或缺的重要组成部分，想要解开脂肪与身材的困惑，还得从能量的储存说起。

早在石器时代，人类的祖先曾面临残酷的生存问题。"食物过剩"和"体态过胖"，是闻所未闻的奢侈状态。为了能在食物短缺时期存活下来，人体会在狩猎季节或食物充足时，将摄入的多余能量作为脂肪储存起来，为物质匮乏时期做好燃烧脂肪、提供能量的准备。这种最根本的生存需求潜藏在我们的身体里，到了物质富足的时代却演变成肥胖问题——卡路里的摄入量不断超过消耗量，多余脂肪囤积得越来越多，最终连衣服都藏不住赘肉了。可是，为什么明明知道这两者的关系成正比，也还是瘦不下来？甚至让脂肪成为健康隐患？知己知彼，百战不殆，即使减脂的出发点不同，减脂的原理却是一样的。

了解脂肪，是减脂的第一步

身体的脂肪，更准确的说法是脂肪组织。它是由脂肪细胞组成的结缔组织，不仅是人体代谢的主要能源和能量供应的重要储备形式，还可以维持体温和缓冲外界冲击，也是人类发育和健康成长的必要物质。因此，不论减脂与否，适当摄入脂肪都是对身体有益的。

脂肪由甘油和脂肪酸这两种物质脱水合成，甘油的分子比较简单，而脂肪酸的种类和分子长短各不相同，它在氧气供给充足的情况下，可氧化分解成二氧化碳（CO_2）和水（H_2O），释放出比碳水化合物和蛋白质更大的能量。因此，减脂的第一步就是要了解脂肪是如何被消耗掉的。澳大利亚科学作家鲁本·梅尔马（Ruben Meerman）曾在其著作《当你减肥时，脂肪去哪了？》（Big Fat Myths: When You Lose Weight, Where Does the Fat Go？）中解释道，每 10 公斤的脂肪，会有 8.4 公斤通过呼吸氧化排出，其余的 1.6 公斤则转化成了水分通过汗液、尿液和粪便排出。这也是有氧运动常常被列为减肥运动项目的原因之一，因为更多的氧气吸入可以加速分解脂肪，虽然呼吸是每个人的生命基础活动，但只有肌肉活动起来才能进一步提高身体产出的二氧化碳量，从而促进新陈代谢、减掉多余脂肪。

那么，脂肪是如何进入我们身体的呢？

每个脂肪细胞的主要成分，基本都是半液体状的甘油三酯。人体脂肪组织除了类脂（包括胆固醇、磷脂、糖脂）等相对固定的脂肪外，90% 以上都是甘油三酯，它也被称为中性脂肪。甘油三酯虽然存在于肌肉和内脏中，但主要还是集中在皮下，以大块脂肪组织形式存在（也称为脂库），含量受营养状况和体力活动等因素的影响而有较大变动。当人体能量消耗且供应不足时，脂肪就会被大量动员起来，经由血液运输到各组织中进行氧化和供能。

我们的肝脏和脂肪组织自身会合成一部分脂肪，大部分脂肪还是通过外界食物进入人体的。外界食物来源主要有两种方式，一是身体通过所摄入的糖类（主要是碳水化合物），在胆汁酸、脂酶的作用下被肠黏膜吸收并合成甘油三酯；另一种则是直接吸收所摄入的油脂，然后通过血液运送到脂肪组织里储藏起来。不同食物中含有的脂肪酸类型主要是饱和脂肪酸、单不饱和脂肪酸、多不饱和脂肪酸。

这些脂肪酸都为人体所需，但是作用稍有不同：

① 饱和脂肪酸的主要来源是动物和乳制品脂肪，如肉类、鸡蛋、全脂牛奶、黄油等还有通过热带植物提取的棕榈油、椰子油，主要作用是为人体提供能量。

② 不饱和脂肪酸通常又分为多不饱和脂肪酸与单不饱和脂肪酸。多不饱和脂肪酸主要包含 ω-6 系列和 ω-3 系列，玉米油、黄豆油、葵花油中 ω-6 系列不饱和脂肪酸较多，亚麻油、紫苏油、鱼油中 ω-3 系列不饱和脂肪酸较多。ω-3系列中的 EPA（二十碳五烯酸）、DHA（二十二碳六烯酸）等成分有助降低胆固醇、调节血脂和增强人体免疫力。

③ 单不饱和脂肪酸属于非必要脂肪酸，可以在体内合成，主要包含 ω-9 系列，橄榄油、芝麻油、鳄梨、腰果和夏威夷果都含有丰富的 ω-9 脂肪酸。研究表明，增加单不饱和脂肪酸和降低饱和脂肪酸的摄入可以提高胰岛素敏感性，还有助于能量恢复。

地中海饮食是典型的单不饱和脂肪饮食方式，其中大部分油脂来源于橄榄油、鱼类、蔬菜等，很少有饱和脂肪酸。

○ Mediterranean Diet Pyramid
地中海饮食金字塔

有关于脂肪的误区

脂肪吸收合成之后，会储存在肝脏和皮下等组织中，其中皮下脂肪最令人头疼，因为它会直接影响一个人的身材，是真真正正藏不住的赘肉。每个人的脂肪分布根据其饮食习惯和身体机能各有不同，正确的脂肪认知是"具体问题，具体分析"。

一、30 天局部瘦身，哪里胖就减哪里？

男性与女性的脂肪分布就存在明显差异，是因为男性激素睾酮素易使男性在腹部积累脂肪，而非臀部和大腿；女性激素雌激素则易导致脂肪储存在盆腔、臀部和大腿周围。所以，很多男性希望减掉腹部多余脂肪（比如啤酒肚），很多女性则希望瘦大腿。

但事实上，诸如肚子和大腿这种热门减脂部位，并不会因为某个动作训练而起到非常有针对性的减脂作用，因为人体消耗能量是同步进行的。虽说当能量摄入量低于能量消耗量时，最容易囤积脂肪的部位被消耗掉的比例会更大，但也很难在短时间内达到明显效果。不过，通过锻炼肌肉倒是可以实现局部塑形。

二、有的人从小就胖，而且爸妈也胖，这是遗传吗？

遗传基因是身体形态和脂肪分布的主要影响因素之一，但是它对肥胖的影响却很有限。遗传基因确实会影响或决定人体不同部位存储不同脂肪的比例，因此有的人可

能会脸大、脖子粗，有的人则可能有"拜拜袖""虎背熊腰""大象腿""萝卜腿"等脂肪分布不均的情况。但请记住，除非我们摄入的卡路里多于我们燃烧的卡路里，否则我们就不会储存过多脂肪。

除去内分泌失调和激素类用药等产生的病理性肥胖，绝大部分的肥胖情况，其实源于生活环境和饮食习惯。

三、运动半小时以后才会消耗脂肪？

即使今天不运动，你的身体为了保持正常的生命活动，也无时无刻不在消耗热量。水分则是通过汗液、尿液等排出体外。

脂肪的消耗，并非一定是在运动半小时后才开始，而是取决于你身体里功能物质的消耗进程。其中，主要由碳水化合物和脂肪提供能量的运动方式，是快走和慢跑等有氧运动。低强度有氧运动时间越长，脂肪供能的比例就越高。

不过，有氧运动后过量氧耗（EPOC）较低，想要保持高燃脂状态，我们还需要配合一些高强度、短间歇或多间歇的无氧运动延长燃脂过程。

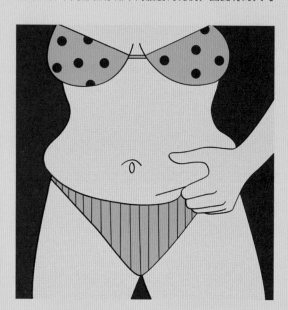

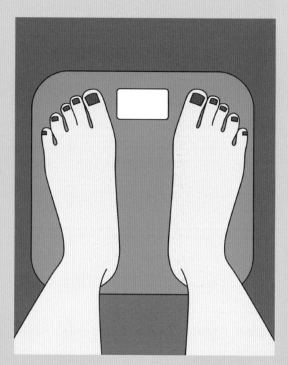

四、体重下降就是减脂成功？

体重数字的下降，指的是身体的全部重量减轻，而未必是指身体脂肪比率降低，减脂不等于减重。

如果你想改善臃肿的肥胖体形，首要任务就是减脂。因为脂肪重量轻、密度小，囤积起来的脂肪很容易让你的身材走样。如果在减脂过程中，也增加了强化肌肉的锻炼并提高了身体代谢率，也可以让你在体重没有明显变化的情况下，身体曲线更加紧致有型。因此，体重不能说明一切，我们更应该关注的是体脂率和身体的线条、比例。

如何科学"燃烧"脂肪

脂肪吸收合成之后，会储存在肝脏和皮下等组织中，其中皮下脂肪最令人头疼，因为它会直接影响一个人的身材，是真真正正藏不住的赘肉。每个人的脂肪分布根据其饮食习惯和身体机能各有不同，正确的脂肪认知是"具体问题，具体分析"。

为了减少脂肪，很多人可能会选择避开摄取食物脂肪，但事实上，对于以米饭面条为主食的亚洲人来说，碳水化合物中的糖分，才是增加脂肪的主要原因。人体在摄入碳水化合物之后，会将其分解成葡萄糖直接使用。在满足人体所需能量之后，多余的糖分就会进行合成脂肪的过程。

通过了解燃脂的原理和误区之后，你可能会发现，"燃烧"脂肪的关键其实就是——找到代谢之间的平衡。脂肪的代谢由两个步骤完成，即脂肪合成代谢和脂肪分解代谢（脂肪酸氧化）。

脂肪合成代谢的主要场所是肝、脂肪组织、小肠，其中肝的合成能力最强，但不适合储存脂肪，诸如脂肪肝等疾病便是常见的健康隐患。分解代谢通常分成三个阶段，第一阶段是脂肪动员阶段，甘油三酯在脂肪酶的作用下，分解为甘油和脂肪酸；第二阶段是甘油的氧化阶段；第三阶段是脂肪酸的 β- 氧化阶段。脂肪酸需要在细胞线粒体中才能彻底氧化供能，但脂肪酸无法穿透线粒体内膜，需要活化后利用肉碱的转运才能进入线粒体中。因此，市面上的减肥产品，虽然声称具有某种程度的减肥效果，但它实际上只是扮演了"搬运工"的角色。

简而言之，真正的"能量守恒法则"，需要你"管住嘴、迈开腿"，既要注意不要让身体合成过多脂肪，也要尽可能加速和促进脂肪的分解代谢进程。

以下几种较为常见的减肥方式，有助强化减脂效果。

① 长时间有氧运动

运动半小时之后才会消耗脂肪的说法并不是绝对的，长期保持有氧锻炼的习惯，参与运动的肌肉会产生适应性改变，使得肌肉在锻炼时更多地利用脂肪作为"底物"（底物循环 substrate cycle [1]），从而加快减脂速度。

② 大负荷力量训练

运动后恢复期（EPOC [2]）代谢率和脂肪供能比例会更高，在大负荷的力量训练过程中，肌肉会产生乳酸，肌纤维受到破坏，肌糖原被耗竭等；而在恢复期，肌肉氧化并清除乳酸、修复肌纤维、重新合成肌糖原等，这些恢复需要大量的能量，而这些能量将由脂肪燃烧提供。

③ 高蛋白饮食法

蛋白质的食物热效应（TEF [3]）最大，糖类和脂肪较少。低热量高蛋白饮食可以使人在减肥过程中尽量保持瘦体重（肌肉），当然这种饮食法也有一定的副作用，需要有所权衡。同时需要注意分量配比，重视摄入复杂的碳水化合物（水果、蔬菜和全谷物等）和瘦蛋白，而不是简单的碳水化合物，如白面包、精制谷物面食和含糖饮料等。

④ 生酮饮食可大量燃烧脂肪

脂肪酸在心肌、骨骼肌等一般组织器官内被彻底氧化，并在肝脏中存在一些酶的时候，可进行酮体生成（Ketogensis），将脂肪酸代谢为酮体。一般情况下酮体产量较少，但在某些情况下（如饥饿和糖尿病等），脂肪会大量被动员，此时糖类补充如果严重不足，肝脏则会产生大量酮体供肌肉和大脑使用，于是脂肪被大量消耗。生酮饮食，即通过极低的碳水化合物摄入，模拟这样的"生酮状态"，以达到大量消耗脂肪的目的。

但请不要盲目尝试生酮饮食，除非你有足够的精力与营养知识储备，或是有专业营养医师全程指导。

当然，在减脂这条道路上不免有些"燃脂陷阱"，那些过于极端的方式可能会在短时间内让你觉得颇有成效，但也存在着更大的反弹风险。

① 选择节食和服用减肥药

如果你只关注体重秤上的数字，那么它是有用的。如果你追求的是长久的理想身材，那么它的作用只能说是"治标不治本"。

节食减少了外食来源，人为地让身体处于饥饿状态，进而消耗身体早前储存的脂肪，同时也减掉了肌肉和水分。而肌肉是维持人体机能和消耗能量的主力。通过节食达到的"苗条"身材，本质上来说是对健康的忽视，也不是保持理想身材的长久之计。

至于减肥药，常用的泻药、利尿剂、糖类脂类吸收抑制剂、合成代谢类固醇等作用，无非减掉水分、降低食欲和提高代谢率。适度控制食量确实有助于减肥，但健康的身体状态，才是健康减肥与保持理想身材的前提。太过极端的节食方式，不仅容易导致反弹，更坏的影响是会破坏身体的正常运转机能，令你无法以健康有活力的身体保持理想身材与理想的生活状态。

② 拒绝摄入食物油脂

很多人觉得摄入的油脂是让自己长脂肪的元凶，但是一定不要忘记碳水化合物的存在。一味地拒绝食物脂肪，很有可能会导致碳水化合物的摄入过量，这意味着会有更多意想不到的糖分将合成脂肪。而且，适量摄入脂肪还能增加饱腹感，令人不那么容易感到饥饿。合理分配碳水化合物、优质脂肪、优质蛋白质和纤维素的比例，才能吃饱、吃好的同时变"瘦"。

1. 底物循环也称为无效循环（Futile Cycle），它是两个代谢途径以相反的方向同时运行且不可逆的反应。

2. 运动后恢复期内为了偿还运动中的氧亏（oxygen deficit），以及在运动后使处于高水平代谢的机体恢复到安静水平时消耗的氧量，称为运动后过量氧耗。

3. 食物热效应是指由于进食而引起能量消耗增加的现象。人体在摄食过程中，除了夹菜、咀嚼等动作消耗的热量外，因为要对食物中的营养素进行消化吸收及代谢转化，还需要额外消耗能量。

How Important The Proteins Are ?

蛋白质有多重要?

张双双 | edit
Ricky 何丹霓 雨子酱 | illustration
Wikimedia Commons Unsplash | photo

蛋白质是组成人体一切细胞和组织的重要成分，可以说，机体所有重要的组成部分都离不开蛋白质的参与，它约占人体全部质量的18%。对于想要控制体重、维持身材的人来说，蛋白质的存在仿佛是救命稻草，但是它的重要性，更多的还是在于它和我们的生命现象息息相关。

○ 蛋白质的螺旋结构

什么是蛋白质?

蛋白质是生命存在的物质基础，是有机大分子作为构成细胞的基本有机物，蛋白质是生命活动的主要承担者。可以说，没有蛋白质就没有生命。

蛋白质作为有机大分子，其基本组成单位则是氨基酸，人体内的蛋白质有很多种，它们都是由20多种不同类型的氨基酸，按不同比例组合而成的，并且在体内不断地进行代谢和更新。

活跃在人体内部的蛋白质，作为生物体中的必要组成部分，其实是很常见的，只是从名字上会令人一时间忽略其蛋白质的本质，比如酶。酶是最常见的一类蛋白质，其主要作用是催化生物的化学反应，对生物体的代谢有着至关重要的作用。胰岛素也是一种蛋白质，它主要对人体内部新陈代谢起到调节作用。而血红蛋白，则是在人体内部充当介质和运输途径的角色。除此之外，还有肌肉中的肌动蛋白和肌球蛋白、细胞骨架中的微管蛋白，以及参与人体免疫活动和细胞周期调控的蛋白质等。

食物中的蛋白质作为大分子进入人体内后，首先经过胃液消化酶的作用初步水解，之后在小肠内完成整个消化过程。蛋白质被转化为氨基酸之后，主要依靠小肠黏膜细胞进行吸收，转运成为人体内部所需的中性、酸性、碱性各类氨基酸，然后各类氨基酸再合成成为人体所需的蛋白质。除此之外，肠道内消化的蛋白质，不仅来源于食物，还有肠黏膜细胞脱落和消化液的分泌等，所以新的蛋白质又在不断代谢和分解，合成人体所需蛋白质。每天都有大约 70 克的蛋白质进入消化系统，其中大部分都会被消化和吸收，没被吸收的就会随粪便排出体外，这使得人体内的蛋白质总是处于动态平衡之中。

食物中的蛋白质必须经过肠道的消化，分解成为氨基酸才能被人体吸收利用，吸收后的氨基酸只有在数量和种类上都满足人体需要，身体才能进入合成自身蛋白质的环节，但在合成人体需要的蛋白质的过程中，仍有很多人体自身无法合成的氨基酸需要从食物中获取，这就是营养学上常说的必需氨基酸。而非必需氨基酸并不是说人体不需要，而是指人体可以自身合成或者由其他氨基酸转化得来，不一定要通过食物获取。因此，在日常饮食中应该注意摄取的食物蛋白质的"质"和"量"，以及各种氨基酸的比例，尽量做到摄入平衡，因为这将直接关系到人体蛋白质合成的"质"和"量"。

食物蛋白质，可以分为完全蛋白质、不完全蛋白质和半完全蛋白质三类。完全蛋白质指的是，富含人体必需氨基酸，品质优良的蛋白质，不仅能够维持成人的身体健康，还能促进儿童的生长发育。比如肉、蛋、奶就属于完全蛋白质，还有植物蛋白比如大豆等。不完全蛋白质指的是，缺少必需氨基酸或含量很少的蛋白质。比如动物结缔组织中的蛋白质，豌豆中的豆球蛋白，这些既不能维持生命，也无法促进生长发育。半完全蛋白质则是介于两者之间，所含必需氨基酸种类齐全，但是部分氨基酸数量不足，比例不恰当，可以维持生命但很难促进生长发育，比如谷物中的蛋白质。

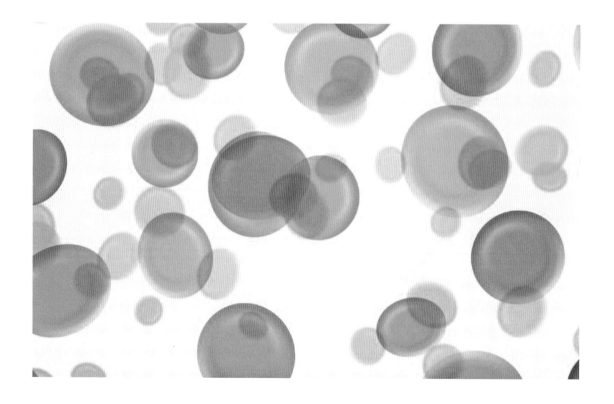

前面提到常见的人体内部蛋白质，它们的基础功能和作用总结起来主要有以下几点：

① **构成人体组织：** 这是蛋白质最基础的作用。人体的细胞组织、毛发、皮肤、肌肉、骨骼、内脏、大脑等都是由蛋白质组成的。作为细胞内部结构物质的蛋白质，如果能够得到充分吸收和利用，那么人体就会处于比较健康的状态；反之，如果蛋白质的摄入和补充都不及时，人体健康就有可能面临较大问题。

② **运输载体：** 蛋白质可以维持人体正常的新陈代谢，和各类物质在体内的输送。比如，血红蛋白用于输送氧，载脂蛋白主要参与脂质的运输和代谢等。

③ **免疫：** 比如在人体免疫系统中扮演重要角色的白细胞、淋巴细胞、免疫球蛋白（抗体）等。当人体及时摄入食物蛋白质，经由消化系统分解，再合成成为人体所需蛋白质之后，免疫"部队"的能量就非常强悍，足以抵挡外界环境对人体健康的不良影响。

④ **酶的催化作用：** 酶能够促进人体各种调节功能的正常运转。由于每一种酶都只能参与一种生化反应，因此我们体内存在着数千种酶，它们每分钟都在积极地进行生化反应，促进食物的消化吸收和利用。如果相应的酶较为充足，这个步骤就会进行得顺利快捷，人体就能够及时得到能量补充，大脑会感到精力充沛；反之则会影响身体和大脑的运转效率。

⑤ **其他：** 人体内的各种激素具有调节体内组织细胞的代谢活动的活性，它们也都是由蛋白质构成。比如胶原蛋白，占身体内部蛋白质的1/3，能够生成结缔组织，构成身体骨架、血管、韧带等。

蛋白质作为人体主要的能量来源和营养物质，在营养方面也有相应的功能和作用。人体每摄入1克蛋白质，就能提供4大卡的热量。健身人群通常很重视蛋白质的补充，因为蛋白质是肌肉的主要构成物质，充足的蛋白质有助于保持肌肉的"量"与形态。同时，蛋白质还有助于维持心脑血管健康，增强免疫力和身体抵抗力。

尽管蛋白质对人体来说有着重要作用，但是任何人体必需的物质或者营养素，在摄入时都应遵循适度原则，过分摄取都会对身体造成负担，很有可能适得其反，导致以下结果：

① **脂肪堆积：** 蛋白质摄入过量，同样会在体内转化为脂肪，造成脂肪堆积。

② **肾脏负担：** 肾脏负责排泄进入人体内部的蛋白质，分解蛋白质的过程会产生氮素，氮经由尿液排出体外，而氮素产生过多就会增加肾脏的负担。这一过程还需要大量的水分，更是加重了肾脏负荷。

科学摄入蛋白质

那么，如果想要维持身体机能的正常运转，保障体内蛋白质的正常代谢和功能运转，日常中我们应该以怎样的标准摄入蛋白质呢？

研究显示，一个成年人每天通过新陈代谢大约可以更新300克以上的蛋白质，其中大部分来自身体内部代谢中产生的氨基酸。所以，一个健康的成年人日常额外摄入的蛋白质，只需保持在60~80克，即可满足所需。

同时，要注意摄入不同类型的蛋白质。根据中国营养协会发布的膳食指南，一个健康的成年人每天食用的蛋白质最好有 1/3 来自动物蛋白，2/3 来自植物蛋白，这样其中的氨基酸就可以互相补充，相互组合，提高一定的"质"与"量"前提下的蛋白质的营养价值。

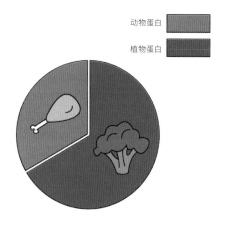

○ 成年人每日蛋白质摄入比例建议

除此之外，还要保证一日三餐都应该有一定质量的蛋白质摄入。如果长期摄入不足，会导致营养不良、抵抗力减弱、乏力等现象。所以应尽可能平衡好一日三餐、一段时间内的蛋白质摄入，以保障人体机能的正常运转。

应当注意的是，食用蛋白质时也要注意有足够的热量供应，如果人体本身获得的热量供应不足，机体就会消耗食物中的蛋白质作为能量来源。而蛋白质因为在体内有着更为重要的作用，简单用于能量供给，会造成蛋白质的浪费。

那么，富含蛋白质的食物都有哪些呢？

1　红肉：牛肉、猪肉、羊肉都是优质的蛋白质来源，但在摄入时应注意其中的脂肪和胆固醇，注意具体类型的选择，以瘦肉为佳。

2　家禽和鸡蛋：鸡肉、火鸡肉、鸡蛋白等，100 克鸡胸肉就能提供 20 克左右的蛋白质，几乎能满足一日的一半所需，一个鸡蛋则能提供 6 克左右蛋白质。同时，一天一个鸡蛋不会增加健康人群的心脏病危险，但是高胆固醇、心脑血管疾病以及糖尿病患者需要和医生确认每日可摄入的蛋白质量，确保身体健康安全。

3 海鲜：不仅蛋白质丰富，而且饱和脂肪低，深海鱼还含有丰富的 ω-3，有助于维持心脑血管健康。

4 乳制品：富含可以生成肌肉的蛋白质，还有助于降低血压和患糖尿病的风险。

5 豆类以及豆制品：优质的植物蛋白来源。而且豆类中的碳水化合物属于多糖，含有丰富的纤维素，食用豆类及其制品可以说是一举两得。

6 坚果和种子：各类坚果以及南瓜子、向日葵子等种子中都富含植物蛋白，每周吃几次坚果还能降低心脏病发作的概率。不过，坚果的热量同样不能小觑，要注意控制食用量。

7 蛋白饮料：如果日常饮食摄入无法保证蛋白质的供应，或者健身人群因为运动消耗过多有更多需求，可以尝试从质量有保证的蛋白饮料或补剂中获取额外的蛋白质，当然也可以利用豆浆、希腊酸奶、脱脂牛奶等自制蛋白饮料。前提是确认自身处于健康状态，否则请多咨询医生，获得专业建议。

The Relationship between Fat and Water

如水一般轻盈

孙昌慧 | interview & text

谢睿 | illustration

经常上秤测量体重的人，可能都说过类似"又胖（瘦）了两三斤"的话。不过，这能给身体带来真正的变化吗？答案是：很难。体重只是一个数字，并不能全面地反映身材的胖瘦，骨骼、肌肉、脂肪、水分以及身体的健康状态，才是影响身材的多方因素。仅仅关注身体重量而忽略其他因素，或许就是你减肥之路上的"绊脚石"。

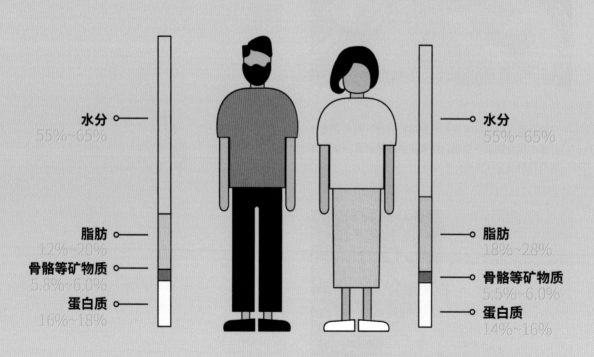

水分
55%~65%

脂肪
12%~20%

骨骼等矿物质
5.8%~6.0%

蛋白质
16%~18%

水分
55%~65%

脂肪
18%~28%

骨骼等矿物质
5.5%~6.0%

蛋白质
14%~16%

◎ 男性与女性身体内水分、脂肪、骨骼等矿物质、蛋白质的平均占比

水对人类的生活至关重要，它构成了人体重量的60%。为了维持身体的正常运作，水分在解决口渴、干燥等感官需求之外，还扮演了其他角色，如运输、溶解、清洁、代谢、润滑、填充、调节。这些角色分别起到了以下作用：

① 不需要通过血管和动脉，水分就能将营养素、氧气、激素、二氧化碳等分子输送到身体的细胞中。
② 除了脂质，水分几乎是身体里通用的溶剂，能够溶解糖以及大多数物质。
③ 作为身体器官（如肾脏和肝脏）的"清洁剂"，水分可以过滤毒素并将其排出体外。
④ 作为人体营养和代谢产物的溶剂，水分会参与一切物质的新陈代谢。
⑤ 水分有助保持身体的湿润，即使是呼吸，也需要水作为润滑剂。
⑥ 水分可以缓冲外界对身体关节和其他部位的冲击。
⑦ 像散热器一样，水分也会通过皮肤调节体温。

水分在维持人体功能的同时也在不停地流失。日常生活中，一个成年人每天会流失大约 1700~2300 毫升的水分，根据不同的体重和代谢率，这个数值可以达到 2000~3000 毫升。这些水分主要通过呼吸、排汗、排泄三大途径排出，我们每天通过呼吸流失 300~500 毫升的水分，其中通过皮肤毛孔排出的水分，则视生活环境和运动量决定。

一日水分的进出

进入的水为饮料、食物

水

· 饮料
1200ml

· 代谢水
300ml

· 食物中
1000ml

出去的水为汗、尿、便

· 呼气、汗水
900ml

· 尿液
1500ml

· 粪便
100ml

◆ 不需要通过血管和动脉，水分就将营养素、氧气、激素、二氧化碳等分子输送到身体的细胞中。

◆ 除了脂质，水分几乎是身体里通用的溶剂，能够溶解糖以及大多数物质。

◆ 作为身体器官（如肾脏和肝脏）的"清洁剂"，水分可以过滤毒素并将其排出体外。

◆ 作为人体营养和代谢产物的溶剂，它参与一切物质的新陈代谢。

◆ 保持身体的湿润，即使是呼吸也需要水作为润滑剂。

◆ 缓冲外界对身体关节和其他部位的冲击。

◆ 像散热器一样，通过皮肤调节体温。

水分也与肾脏有着很大的关系，尤其是尿液（也包括粪便），因为缺水会导致肾脏负荷工作。通常来说，一个人每天会通过尿液排出 1.5 升的水分，如果饮水量很高，那么，你的肾脏会相应地产生和排出更多的水分维持平衡，反之则会产生少量浓缩尿液节约水分。

关于补充水分，"每天喝八杯水"这个说法比较普遍，但是每个人的体重和代谢率并不相同，正确的补水方式其实是"渴了就喝"，要相信你的大脑会做出身体所需水分的正确判断。使用大容量水瓶或提醒自己补充多一些水分，很适合有运动习惯和减脂健身需求的人群，但是没必要苛求一定要补充超量水分。另外需注意，一些加工饮品或水果虽然也能补充水分，但因其中同时含有较多糖分，对减肥健身人群来说并不是明智选择。此外，在因运动而流失大量水分（排汗）的情况下，可以适当补充一些淡盐水，以维持体内电解质的平衡和满足钠盐需要。

水分的流失与补充看似简单，却常常被忽略，尤其是体重秤的数字上下浮动了个位数时，急于看到减肥效果的人往往会从中寻求自我安慰。殊不知，短时间内的轻量浮动，通常是水分流失而非脂肪减少。

当体重下降之后，首先应当学会判断：这是减了脂肪还是水分？最简单直接的办法是拿皮尺量一量身体目标部位的围度（腰围、腹围、臀围等），看看皮尺上的数字范围有没有缩小。脂肪体积松散、密度小，通过运动减脂所缩小的皮尺数字，才能在体形上产生较明显的差别。

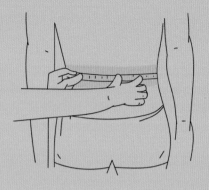

○ 腰围测量

如果是节食减肥，那么你更有可能减掉的是水分和肌肉，而肌肉的消耗会降低身体的新陈代谢率，减缓瘦身速度并且更容易反弹——毕竟减掉的大部分是水分，而水分的流失和补充是相对容易的事情。因此，科学的减肥应该关注肌肉、脂肪、水分和围度的变化，定期拍照和测量体脂率，正确看待体重浮动的关键因素。

在水分流失之外，还有一种身体特征会影响身形，那就是水肿。很多人也许会觉得纳闷，为什么一觉睡醒脸就肿了？坐久了或站久了就腿部酸胀？当身体的某个部位因为血管中的水分（hydrops）聚集在皮下组织，组织里过多的水分挤压皮肤及血管，多余水分贮存细胞之间，就会出现水肿的情况。

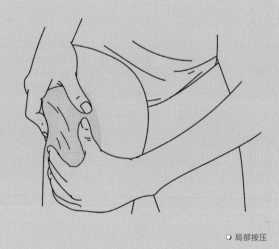

○ 局部按压

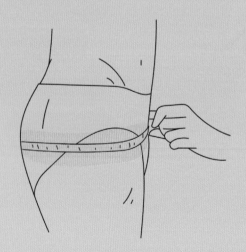

○ 臀围测量

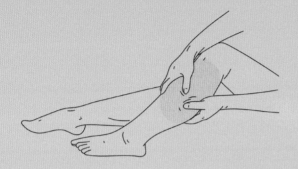

○ 局部按压

水肿是导致身体肥胖的因素之一，在肥胖类型中属于"水肿型肥胖"。除了因为病理而产生的水肿之外，大多数水肿情况是由不良生活习惯造成的，如缺乏运动、睡眠不足、饮食偏咸、长期站立或坐着工作等。

尽管"水肿型肥胖"还没有相关的专业研究，但可以明确的是，身体代谢功能不佳的人群比较容易产生"虚胖"的情况。比方说新陈代谢不佳或血液流动不顺畅导致钠离子滞留体内，从而造成的水肿情况。

对于日常生活中的轻度水肿症状，如肿胀、酸痛、紧绷等感觉，可以通过调整饮食和运动习惯改善。

1 减少高钠食品的摄入

一般来说，重口味的食物或吃完以后会感到口渴的食物，钠离子含量相对较高（也就是偏咸）。而体内钠离子过多，就会导致体内水分失衡。

2 尽量避免久坐或久站

只要是不利于血液流通或血管压强太大的动作，都很容易引起水肿。如果平时运动量不大、新陈代谢较弱，也会容易引起水肿。建议多走动或适度活动，哪怕只是短时间的腿部抬高，也有助促进血液循环，配合按摩效果更好。

3 多补充一些蛋白质

蛋白质摄取过少，会导致血液中的血浆蛋白减少，它的作用是使身体代谢废物和液体回到循环系统，并通过尿液等方式排出体外。如果血浆蛋白较少而无法将身体代谢废物和液体带回血液中，就会积存在血管细胞中形成水肿。所以，蛋白质是帮助代谢多余水分的重要物质，适当补充蛋白质对减肥健身也多有益处。

4 坚持有氧运动

在减肥初期，很多人感觉自己"越练越肿"，这其实是因为长时间不运动的人，突然加大运动量（尤其是无氧运动），体内的乳酸不能在短时间内进一步分解为水和二氧化碳，有氧代谢速度较慢，导致乳酸堆积刺激神经末梢而产生疼痛感。此外，乳酸和其他代谢物堆积在体内无法快速排出，也会挤压毛细血管，从而使大量水分渗透到组织中引发酸胀感。这个时候身体"储水能力"会进一步提高，通过拉伸运动和按摩以及有氧运动，可以加速乳酸代谢和血液循环。不过，乳酸堆积通常只会发生在运动后的 2~4 小时内。造成长期臃肿的原因，更可能是肌肉的急性适应。如果能够长期保持有氧运动习惯，保持肌肉力量不退化，身体适应之后会大大减少产生水肿的情况。

维生素与矿物质：
别小瞧了微量营养素

拉里 | edit

减肥的人都很关注碳水化合物、蛋白质、脂肪，因为它们会为人体提供能量，是我们每天都会大量需要的三大营养素，也被称作宏量营养素。有宏量就有微量，我们每天所需不多但又必不可少的——维生素和矿物质，就属于微量营养素。

维生素、矿物质和三大营养素不同，它们不会为人体提供能量，但它们的大家族中仍有许多成员，是人体必需的营养素。

别看我们对它们的需求量不高，其中有几种，其实很容易日常摄取不足。比如维生素里的B族维生素，比如矿物质里的镁、铁、锌、铬、锰、硒。

"摄取不足又怎样呢？反正它们也不会给我们提供能量。"如果想知道这个问题的答案，就需要先弄清楚，维生素和矿物质，究竟在我们的身体里扮演怎样的角色。

维生素 VITAMINS

维生素是人和动物为维持正常的生理机能,而必须从外界(通常是食物)获得的一类微量有机化合物,在人体生长、代谢、发育过程中发挥着重要作用。

虽然和三大营养素相比,我们对维生素的需求并不多。但它却恰如其名——"维持生命的营养素",是我们想维持正常的生命活动不可或缺的营养成分。

据目前为止的研究发现,人体必需的维生素有 13 种,并且可以分为两大类:水溶性维生素,和脂溶性维生素。其中,维生素 A、维生素 D、维生素 E、维生素 K 是脂溶性维生素;维生素 B_1(硫胺素)、维生素 B_2(核黄素)、维生素 B_3(烟酸)、维生素 B_5(泛酸)、维生素 B_6(吡哆醇、吡哆醛和吡哆胺的总称)、维生素 B_{12}(钴胺素)、维生素 C、叶酸和生物素是水溶性维生素。

这当中,维生素 A、C、E 属于抗氧化剂,有助于减缓衰老,预防癌症和心脏疾病等。

VITAMIN A
维生素 A

维生素 A 又称视黄醇,可以从肉类和鱼类中摄取。一些红、黄、橙色蔬果中存在的 β-胡萝卜素,也可以在人体内合成为维生素 A,也被称作维生素 A 前体。维生素 A 对于上皮组织的保护和修复十分关键,同时对我们的视力也有好处。

VITAMIN C
维生素 C

维生素 C 又称抗坏血酸,在抗体及胶原形成、各种营养素的合成及代谢中发挥重要作用,有助维持和增强人体免疫力。同时作为一种抗氧化剂,它有助于减缓人体衰老,通俗地说有一定美容功效。新鲜蔬菜、水果中可以获取较多维生素 C。

VITAMIN E
维生素 E

维生素 E 是抗氧化剂中最为重要的一种,能有效对抗自由基。同时维生素 E 又称生育酚、抗不育维生素,它对维生素 A 具有保护作用,参与脂肪的代谢,维持内分泌的正常机能,使性细胞正常发育,能提高人体的繁殖性能。通常在坚果、种子和一些油脂中(如橄榄油)含量较高。

维生素 B_1（硫胺素）、维生素 B_2（核黄素）、维生素 B_3（烟酸）、维生素 B_5（泛酸）、维生素 B_6（吡哆醇、吡哆醛和吡哆胺的总称）、维生素 B_{12}（钴胺素）、叶酸属于 B 族维生素，其中维生素 B_1、B_2、B_3、B_6 和叶酸是人体比较容易缺乏的。

VITAMIN B_1
维生素 B_1

维生素 B_1 即硫胺素，它有助保持循环、消化、神经和肌内正常功能，调整胃肠功能，参加糖的代谢。在糙米、油菜、猪肝、鱼、瘦肉中含量丰富。

VITAMIN B_2
维生素 B_2

维生素 B_2 又叫核黄素，经常进行运动的人有必要补充大量的维生素 B_2。缺乏维生素 B_2 还有可能引起口腔溃疡、舌炎、贫血等症状。可以从谷类、黄豆、猪肝、肉、蛋、奶等食物中获取，也可由肠道细菌合成。

VITAMIN B_3
维生素 B_3

维生素 B_3 又称烟酸或尼克酸，烟酸有助于消除多余的胆固醇，和维持消化系统与皮肤状态的健康。若其缺乏时，有可能引发皮炎、舌炎、口腔炎、腹泻、烦躁及失眠等不良症状。

VITAMIN B_6
维生素 B_6

维生素 B_6 是吡哆醇、吡哆醛和吡哆胺的总称，它对于蛋白质的利用非常重要，与氨基酸的代谢有密切关系。缺乏维生素 B_6 可引起周边神经病变及高铁红细胞贫血症。在酵母菌、肝脏、谷粒、肉、鱼、蛋、豆类及花生中含量较多，新生婴儿易缺乏。

VITAMIN B_9
维生素 B_9

叶酸其实即维生素 B_9，目前被认为是孕期预防神经管畸形的必需营养素，因此很多孕妇都会注重进行叶酸的补充。天然叶酸广泛存在于动植物类食品中，尤以酵母、肝及绿叶蔬菜中含量比较多。

以上五种 B 族维生素虽然都可以通过食物补充，但却都很难达到 RDA（每日膳食中营养素供给量），因此可以尝试使用营养补剂，且尽量选择复合型的营养补剂，而非单一维生素补充，因为维生素和其他营养素之间大多数情况下是协作关系，"互相扶持"才有助于人体各项生理机能更好地运行。

VITAMIN D & VITAMIN K
维生素 D & 维生素 K

最后是维生素 D 和维生素 K，这两种脂溶性维生素，我们通常不会缺乏。因为维生素 K 可以由肠道内的细菌生成，维生素 D 可经由皮肤在日光下合成。同时日常摄入的牛奶、鸡蛋、肉类等食物中含有的维生素 D，也足够我们所需。

矿物质 MINERALS

人体是由各种元素构成的。其中占比最高的是碳、氢、氧、氮，约占 96%，而剩余的 4%，则由矿物元素构成。这些矿物元素中，有些是相对来说被我们大量需要的（日需求量约 300~3000 毫克），比如钙、镁、磷、钾、钠，它们被称作常量元素。另一些需求量非常少的（约 30 微克~30 毫克），如铁、锌、锰、铜、铬、硒等，被称作微量元素。

不过，无论需求量或大或小，如钙、镁、磷、钾、钠、铁、锌、锰、铜、铬、硒这样的人体必需矿物质元素，都各自在我们的生命活动中发挥着重要作用，是不可或缺的存在。与此同时，人体里也存在着一些"有毒"矿物质元素，如铅、镉、铝、汞等反营养物质，它们会随着被污染的空气、食物、水等介质进入人体，且与上面提及的必须矿物质元素互不相容，此消彼长，如不加强对一些本身就容易摄取不足的必需矿物质元素的摄取（如镁、铁、锌、铬、锰、硒），就更容易纵容"有毒"元素在体内"壮大"。

那么，这些必需矿物质元素究竟各自担当着怎样的"职责"？为什么我们需要它们？

Ca
钙

首先，常量元素中的钙，是构成人体骨骼和牙齿的重要元素，如果摄取不足，容易导致骨质疏松或牙齿疾病等。同时钙在镁的协同作用下，也可降低神经和肌肉的紧张度，摄入不足也或将引起肌肉抽筋、痉挛、失眠等症状。另有一些研究发现，钙与体重维持也可能有关。其原因或许是多方面的，比如钙能减少肠道对脂肪的吸收，帮助身体燃烧脂肪和控制食欲等。乳制品、蔬菜、豆类、坚果、粗粮和水都是钙质来源。

Mg
镁

如上所述，在维持神经、肌肉、骨骼等的正常状态的工作中，镁与钙常常共同"作战"。如果镁摄入不足，可能会引发食欲不振、肌肉痉挛、关节痛、乏力等症状，还有可能加速细胞老化。而与钙不同的是，镁很容易摄入不足。深绿色蔬菜、坚果、种子、豆类、粗粮中均大量存在镁，如果想摄取充足的镁，应注意在饮食中多添加这些食材。

Zn 锌

锌，人体非常容易缺乏的微量元素之一。锌参与人体内多种酶和蛋白质激素的合成，比如具有增强免疫力和抗氧化能力的 SOD（超氧化物歧化酶），以及胰岛素。糖尿病或癌症等重大疾病患者，通常都有缺锌的情况。膳食中锌的来源主要是蛋白质丰富的食物，如贝类、虾蟹、内脏、肉类、鱼类等。

Mn 锰

锰，参与构成人体内多种有重要生理作用的酶，虽然锰的每日推荐摄入量并不多，但因我们对锰的吸收率其实很不可观，日常饮食中摄入的锰，人体仅能吸收 5%~10%，所以锰缺乏的情况仍然存在，缺锰可导致胰岛素合成量减少，因此也被认为与糖尿病有关。热带水果、坚果、种子、粗粮及茶叶中存在较多锰元素，日常可以注意通过这些食物来获取。

Cu 铜

铜既是必需营养素，也是有毒元素。铜很少会缺乏，因为我们每天饮用的自来水大多来自铜制的自来水管。缺铜或可导致血浆胆固醇升高和风湿性关节炎，不过铜过量的危害也很明显，如肝硬化、腹泻、呕吐、心血管疾病、运动障碍等。因此，正常人大多不用格外补充铜，而需注意它的拮抗物质——锌，如果体内的锌不足，铜则可能过量。

Cr 铬

铬作为一种必需营养素，是人体正常生长发育和调节血糖的重要元素，它能帮助胰岛素促进葡萄糖进入细胞内，对于调控血液中的胆固醇浓度也有作用，因此，缺铬可引起糖代谢相关问题，以及提高患糖尿病、心血管疾病的风险。并且，压力过大或糖摄入过多也会消耗体内的铬。所以，尽管我们对铬的需要量很少，但也不能忽视它的摄入。通常，含铬量较高的食物有粗粮、蘑菇、坚果、豆类等，一些糖尿病患者也会服用铬补充剂。

Se 硒

硒对我们来说最重要的特点，是被认为可能具有抗癌作用。它是一种抗氧化酶（谷胱甘肽过氧化物酶）的重要组成部分，有助于人体抗氧化、减缓衰老、增强免疫力。因为许多氧化物可诱发癌症，如果人体缺硒，就有可能存在较多氧化物，同时免疫力下降，进而提高罹患癌症、心血管疾病、糖尿病等多种重大疾病的风险。而我国国人日常的硒摄入量，普遍低于世界卫生组织的推荐摄入量，因此，大多数人应注意日常饮食中多吃含硒较多的食物，比如海产品、芝麻、动物内脏、蘑菇、鸡蛋等。

为什么现代人更需要重视补充维生素与矿物质？

和过去以粗粮谷物为主食的时代相比，如今我们吃的食物越来越"精"，加工程度越来越高，食物在加工过程中会损失更多的营养成分，这也导致了我们从食物中获取的营养成分越来越少。

因此，和粮食短缺资源匮乏的时代相比，我们理所当然地以为自己吃得越来越"好"了，营养摄入只会过剩而绝不可能短缺。但事实上，我们大多数人从今天的食物中获取到的维生素与矿物质，都是没有满足身体所需的。更糟的是与此同时，环境污染、食品安全问题日趋严重的今天，我们被迫摄入的有毒物质却在日益增加。

试想一下，体内有益健康的维生素与矿物质大军，时刻在与有毒物质大军对峙与交锋。而当"有益"军团势力缩水，且没有获得及时增援，"有毒"军团势必占据上峰。这种情况日积月累，就会导致现代人的各种亚健康状态，比如免疫力下降、容易感冒、关节炎、口腔溃疡、注意力不集中、神经衰弱、失眠、焦虑、女性经期生理痛等。甚至会提高罹患一些重大疾病的风险，如糖尿病、心血管疾病、癌症等。

所以，如果想健康减肥，让身体各项机能都活跃运转，就更应格外注意摄入充足的维生素与矿物质。日常饮食中应注意膳食多样性，尽量吃天然未加工或加工程度低的食物，有条件的话尽量选择有机或可信赖的原生态种植的食物。想摄入充足的维生素与矿物质，从食物中获取是最好的方式，不过如果是严重缺乏某种维生素的特殊情况，也可以选择使用补充剂。

植物化学物质也不容小觑

除了人体必需营养素之外，在各种谷类、豆类、蔬菜和水果等植物中，其实还存在着许多特殊的植物化学物质，也已被证实有助于人类预防疾病，比如预防癌症、抗氧化、调节免疫力等。例如五谷及豆类中含有的皂角苷，有助中和肠道中的致癌酵素和降低胆固醇。还有黄豆中含量丰富的金雀异黄酮，也对肿瘤生长有抑制作用。深色蔬果中的胡萝卜素、番茄红素、植物黄体素等，也能起到一定保护眼睛和降低患癌风险的作用。又比如蓝莓中的花青素和茶叶中的儿茶素，都是广为人知的抗氧化成分。另外，柑橘类水果中的柠檬苦素，经实验证明也有一定的预防癌症的功效。就连很多人不爱吃的气味刺激的葱蒜韭菜等，其实也含有很多对人体有益的植物化学物质，比如蒜素。

但和维生素、矿物质类营养素也需要复合摄入一样，植物化学物质也应避免单一摄入，而是通过吃尽可能丰富的植物性食材，来综合摄取对人体有益的植物化学物质。

VITAMINS &
MINERALS

The Secret Of Dietary Fiber

膳食纤维：
我为何总被忽视？

马楠 | interview & text

雨子酱 | illustration

Wikipedia Commons Unsplash | photo

● 讨厌胡萝卜、香菜、绿叶菜的挑食的人

在当今的互联网上活跃着相当一部分挑食人群，根据各自在饮食上的偏好划分"教派"，比如"肉食动物党""吃蔬菜就想吐派""吃胡萝卜会死群"等，偏食成了"信徒们"辨认彼此的标签，傲娇得不行。

实际上，不吃蔬菜或者偏食，无论对于儿童还是成人而言，都不是什么值得宣扬的好习惯。虽然食物的味道是其重要属性的一部分，进食过程中获得的身心愉悦，也成为饮食文化中越来越受重视的一部分，但是蔬菜水果的好处，却并不仅仅是简单的一个"好吃"或"不好吃"的标签就可以一笔带过的。除了丰富的维生素和矿物质外，其中富含的膳食纤维更是其成为每日食谱中"必需"的重要原因。

膳食纤维——长久被忽视的第七大营养素

膳食纤维（dietary fiber, 简称 DF）是一种主要成分为植物细胞壁的特殊多糖，按其化学结构可以分为纤维素、半纤维素、木质素以及果胶四大类。由于它无法被人体消化吸收，升糖指数也比较低，不能提供能量，所以曾一度被视为毫无营养价值的物质。

近年来，随着研究的深入，科学家们发现膳食纤维能够有效刺激肠道蠕动，预防便秘、痔疮、结直肠癌等发生；还能清理小肠，通过在小肠壁上形成保护膜的方式延缓血糖的吸收，增强饱腹感；还有研究发现，膳食纤维能够抑制胆酸的吸收，在一定程度上降低血液中胆固醇和脂肪的浓度，有助于保护心血管。

2016 年，世界最权威的学术杂志之一《细胞》发表了密歇根大学医学院埃里克·马尔滕斯（Eric C. Martens）团队的研究结果，他们发现在缺少膳食纤维的情况下，肠道免疫环境也会发生变化，对健康会造成严重影响。

○ 两种饲喂条件下，小鼠的肠内环境

在我们的肠道内存在着大量的共生微生物，这种互利共生的关系体现在我们通过微生物将食物更好地分解吸收，微生物则以我们摄入的膳食纤维作为原料，维持自身的正常生长。为了保证每一种微生物都能在准确的"岗位"上行使职责，肠道上皮还存在着一层黏液屏障，防止肠道微生物进入血液。通常情况下，细菌们都很"遵纪守法"，在黏液屏障层的约束下乖乖安守在各自的位置上。

在埃里克的实验中，无菌小鼠的肠道内被引入了 14 种已进行过全基因组测序的人类肠道细菌，待其充分适应了小鼠肠道内的生存环境后，分别对小鼠进行富含膳食纤维和缺乏膳食纤维的喂养。一段时间后埃里克发现，在长期缺乏膳食纤维的小鼠肠道内，有些细菌的活性反倒增强了，同时肠道黏液层的厚度从正常的 110 微米减少到了约 20 微米！也就是说，膳食纤维的不足使共生细菌们转而以吞噬肠道黏液层为生，造成肠道免疫屏障受损、病原细菌进入血液等危害，严重时甚至会导致结肠长度缩短等器官衰竭。

虽然与小鼠相比，人类具有更强大的免疫系统以及更为复杂的肠道菌群构成，但是在小鼠模型中得到的实验结果依然敲响了一记警钟：膳食纤维的缺乏可能会导致肠道菌群正常运作的崩塌，无视肠道微生物的需求、不吃足够的膳食纤维可能会付出健康代价，甚至要比我们想象中严重得多。所以，现在科学界已将膳食纤维视为人体所必需的第七大营养素（另外六大营养素为：碳水化合物、脂类、蛋白质、维生素、无机盐和水）。

补充膳食纤维，你的选择有很多

在我国传统的以谷类为主食、搭配蔬菜和水果的饮食结构中，并不存在缺乏膳食纤维的弊端。但在如今食物加工精细度越来越高、动物性食物的摄入比例显著增加的趋势下，还是应该多注意日常摄取膳食纤维是否充足。

获取膳食纤维最有效的方式，不是购买超市里各种包装和形式的"富纤"产品，而是将应季的时鲜货尽可能丰富地装进购物车。众所周知，蔬菜、水果中膳食纤维含量丰富，多吃蔬果对身体健康非常有益，其中深色蔬菜的膳食纤维含量通常还会更高一些。

但是，随着人们越来越重视膳食纤维的摄入，也有不少人建立起了一套不正确的"蔬菜观"，认为只有绿叶菜才是蔬菜。实际上，绿色蔬菜只是蔬菜这个五颜六色大家族中普通的一员，根据所含有的色素不同，绿色（叶绿素）、黄色（胡萝卜素）、红色（番茄红素）、紫色（花青素）、白色（无色素）等都是蔬菜常见的颜色。因此，无论是绿油油的叶片，还是红彤彤的西红柿，或者紫盈盈的洋葱、紫甘蓝等，都可作为每日蔬菜的选择。并且，不只是叶菜，蔬菜家族还包括了根菜类、茎菜类、果菜类、花菜类等，无论食用哪一种，都是在完成"吃蔬菜"的健康功课。当然，如果能够"好色"地将各种颜色、部位均衡摄取，饮食结构也会更营养均衡。

● 各种蔬菜、水果、杂粮、谷物、豆类，
都是膳食纤维的丰富来源

此外，全谷物和豆类，如菜豆、扁豆、鹰嘴豆、四季豆、燕麦等，也是富含抗性淀粉和膳食纤维的优质选择。其中，抗性淀粉具有许多与膳食纤维相似的特性，例如都能够显著提升饱腹感等，并且与膳食纤维进入结肠后多数随粪便排出体外不同，抗性淀粉在进入结肠后几乎可完全被益生菌分解吸收，产生乙酸、丙酸、丁酸等短链脂肪酸，对于益生菌的生长十分有益，进而有利于维持肠道的健康。

水果和补剂不能拯救讨厌蔬菜的你

对很多不爱吃蔬菜的人而言，水果是他们首选的替代品，方便、好吃、富含维生素和矿物质，吃完水果就可以安心放任对蔬菜的偏食。还有人甚至连水果也懒得吃，认为喝了果蔬汁、吃过了维生素片，就完成了一天的健康作业。

蔬菜和水果之间确实有很多的共同点，两者也经常被并列在一起作为"蔬果"讨论，但是在维生素、矿物质、膳食纤维等物质的含量上，蔬菜——尤其是深色蔬菜——是远远高于水果的。而看似健康的市售果蔬汁，除了存在添加剂、糖分过多等问题以外，即使是最天然的产品，在经过了压榨、过滤等一系列加工程序后，在营养成分尤其是膳食纤维的保存上也大打折扣。并且由于饮用方便，很容易造成糖分摄入过量等问题。

● 市售果蔬汁大部分经过过滤，膳食纤维含量微乎其微

另外，很多人在工作繁忙时，会选择维生素 C 或复合维生素片等营养补充剂，认为简单吃一片就能够取代蔬果，快捷又方便。但是，蔬菜和水果能够带给身体的营养，并不是补剂药片能够全面涵盖的，它包括了丰富的维生素、矿物质、果胶、膳食纤维等植物营养，远非某一单纯营养素那么简单，服用补剂极易造成营养失衡，对身体健康并没有好处。所以，蔬菜、水果、果蔬汁、补剂之间是完全不能互相替代的。

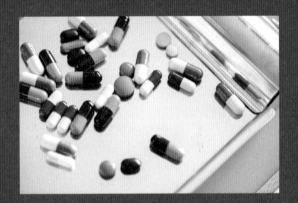

曾有研究指出，小孩子偏食、不喜欢吃蔬菜的原因是他们的味觉神经还没有发育完全，对于很多细致的味道，比如蔬菜的清新口味并不能充分分辨，于是，如何让孩子多吃一些蔬菜成为不少家长头疼的大问题。按照科学家的理论，伴随着成长和神经细胞的分化成熟，能够充分咂摸出蔬菜滋味的成年人应该爱上吃蔬菜才对，但是蔬菜——或者更广义地说——健康食物，就等于"无味"和"难吃"的观念，依然是相当一部分成年人对于饮食最诚实的坚持。

很多时候，喝一杯咖啡或吃一块蛋糕都能令人感到精神一振，心情也随之变得漂亮起来，这是因为酒精、咖啡因以及碳水化合物的摄入，都能够促进大脑中多巴胺的分泌。

多巴胺是一种能够传递兴奋、令人产生愉悦感的神经递质，一个人如果脑内多巴胺分泌不足，就很容易感到无聊、迟钝，甚至出现抑郁的症状。有科学研究证明，在享受美食的时候，人的大脑会加强多巴胺的分泌。

很多时候人们吃水果、绿色蔬菜，虽然能够产生饱足感，但是却没有获得相应的"满足感"，这是因为在平日的饮食中，高脂肪、高碳水化合物的食品对多巴胺的分泌有更强的促进作用，提高了人们在进食中感受快乐的阈值，因而在习惯了这些"垃圾食品"的刺激后，吃蔬菜等富含纤维质的食物所产生的多巴胺，完全达不到平日里的一贯水平，"难吃""不满足""不爱吃"等负面情绪自然随之而来。

所以，"难吃"也许并不是蔬菜本身的错，"偏食"也不是什么根深蒂固不可撼动的积习。适当调整烹饪方式，比如以蒸煮、焖炖、凉拌为主，少用烧烤、油炸等方法，同时慢慢减少糖、盐、味精等各种调味剂的使用，在口味逐渐回归自然的过程中，蔬菜的美味也会慢慢浮现出来。

蔬果代替正餐可以减肥？小心健康比脂肪跑得快

所谓"物极必反"，这个道理放在食物领域也同样适用。工业化生产令市场上一年四季都摆满了种类齐全的蔬果，而膳食纤维的好处又被不断宣传和推广，于是出于控制体重、促进健康等方面的考虑，吃素、食用蔬菜水果代餐成为相当一部分减肥人群，尤其是女生首选的减肥方式。

● 只注重膳食纤维，而忽视了蛋白质、碳水化合物和脂肪等营养素的摄入也不可取

但是，膳食纤维虽好，吃素、生食，甚至是单一食物的减肥方式却依然是完全错误的膳食结构，很容易造成营养不良，并伴随诸如脱发、头发枯黄分叉、皮肤粗糙、肤色暗淡等一系列后果，女孩子还很容易受到怕冷、贫血，乃至内分泌紊乱等问题的困扰。同时，蔬菜中的脂溶性维生素，如维生素 A、D、E、K 等，只有在油脂存在的情况下才能够为人体所吸收，生食带来的维生素缺乏会影响人体很多正常的生理活动，出现脂溶性维生素缺乏的症状。

另外，虽然减肥与热量的摄入有关，而在理论上，素食也确实更容易实现低热量，但是这其中依然存在着很多高热量陷阱，比如多油烹饪的青菜、为增添风味而使用美乃滋等高热量调料、添加大量糖分的素点心，以及水果中富含的果糖等，大量食用同样会造成热量超标，不利于减肥。

所以，无论膳食纤维有多重要、蔬菜水果又多有益健康，单纯吃素或以蔬果代餐减肥都是非常不明智的手段。每天按时吃好三顿正餐，均衡营养，既是健康的基础，也是漂亮瘦下去的大前提。

Tips

1. 不同颜色的蔬菜有不同的好处，减肥更要营养均衡：

绿色蔬菜：富含叶酸、维生素C、类胡萝卜素，并且含有丰富的钙质。
黄色、红色蔬菜：富含胡萝卜素、维生素 A、维生素 D，对改善皮肤粗糙、夜盲症、强健骨骼等均有益处。
紫色蔬菜：富含花青素，强大的抗氧化能力可起到预防心血管疾病的作用。
白色蔬菜：含有丰富的镁、钾等微量元素及膳食纤维。

2. 对的时间吃水果，减肥效果才会好：

早餐吃水果：促进食欲、唤醒一天的活力。
两餐之间吃水果：有利于食欲和血糖的稳定，增添饱腹感，避免正餐时进食过量。

The Secret of Calorie

卡路里：
想说爱你不容易

马楠 | interview & text
雨子酱 | illustration
Wikipedia Commons Unsplash | photo

虽然肥胖不是福，但吃饭却无疑应该是件令人愉快的事情。

然而近几年来，人们在减肥、瘦身、养生等各种信息的轰炸下，越来越难以与食物间建立起"正常"的关系。

吃饭变得令人纠结，甚至在某种程度上成为罪恶感的来源：喜欢吃的食物热量太高，不喜欢的食物因为热量低却要拿来当饭吃，喜欢和朋友们聚餐又时刻担心热量摄入超标，甚至经常要为一次口腹之欲的满足而增加至少半个小时的运动量。可以说，在热量的挟持下，享受食物、正常吃饭这种人类本能，变得越来越刻意而不自然。

计算了那么久热量，你真的了解它吗？

虽然在每一天、每顿饭和每种食物面前，都有人在讨论热量和卡路里的问题，可究竟什么是热量？它和卡路里、能量之间的关系是什么？当我们看食物热量表时，究竟应该看些什么呢？

我们每天摄入的热量均来自食物中含有的三大营养素——脂肪、蛋白质和碳水化合物——以及酒精，其中碳水化合物是身体最主要的能量来源。卡路里，是指 1 克水在一个标准大气压下升高 1℃所需要的热量，即 1 小卡（1cal）。1 大卡（1kcal）=1000 小卡（1000cal）=4.186 千焦（4.186kJ）。千焦是热量的基本单位，不过，

大卡是常见于食品热量标签的能量单位。基本上可以认为，在食品领域里谈到的卡路里、能量、热量，都是同一个概念。

清楚了这些再选购食品，看营养成分表就可以从"外行看热闹"步入"内行看门道"的阶段了。一般，营养成分表中显示的都是 100 克（或 100 毫升）食物中的营养状况，第一列的营养标签多采用"1+4"模式："1"是热量，"4"分别是蛋白质、脂肪、碳水化合物和钠。第三列中的"NRV%"是指每 100 克（或 100 毫升）中该种营养在 NRV（Nutrient Reference Values）即营养素参考值中所占的百分比。

那么，NRV（营养素参考值）的具体日推荐摄入量标准是多少？
以下为中国营养学会发布的参考数值：

能量和宏量营养素	NRV/ 天	能量和营养素	NRV/ 天
能量	8400 千焦 /2000 大卡	泛酸	5 毫克
蛋白质	60 克	生物素	30 微克
脂肪	＜ 60 克	胆碱	450 毫克
饱和脂肪酸	＜ 20 克	**矿物质**	
胆固醇	＜ 300 毫克	钙	800 毫克
总碳水化合物	300 克	磷	700 毫克
膳食纤维	25 克	钾	2000 毫克
维生素		钠	2000 毫克
维生素 A	800 微克视黄醇当量	镁	300 毫克
维生素 D	5 微克	铁	15 毫克
维生素 E	14 毫克 α- 生育酚当量	锌	15 毫克
维生素 K	80 微克	碘	150 微克
维生素 B$_1$	1.4 毫克	硒	50 微克
维生素 B$_2$	1.4 毫克	铜	1.5 毫克
维生素 B$_6$	1.4 毫克	氟	1 毫克
维生素 B$_{12}$	2.4 微克	铬	50 微克
维生素 C	100 毫克	锰	3 毫克
烟酸	14 毫克	钼	40 微克
叶酸	400 微克		

○ 注：① 蛋白质、脂肪、碳水化合物供能分别占总能量的 13%、27% 与 60%。
　　② 微克 =μg，毫克 =mg，克 =g；千焦 =kJ，大卡 =kcal。

其中，饱和脂肪酸和胆固醇是"脂肪"下的分支，摄入量已包含在"脂肪"的数值内。膳食纤维的摄入量也已包含在"总碳水化合物"的数值内。不过，有时在一些食品的营养成分标签中，也会看到碳水化合物下面单独标注出"膳食纤维"的含量及 NRV% 数值，这时的碳水化合物含量通常是指扣除"膳食纤维"以外的部分。

以下面这张 90% 可可黑巧克力的营养成分表为例，具体说明一下怎样正确解读食品包装上的营养成分表。

90% 可可黑巧克力营养成分表

项目	每 100（克）	NRV%
能量	2483 千焦	30%
蛋白质	10.0 克	17%
脂肪	55.0 克	92%
碳水化合物	14.0 克	5%
膳食纤维	5.0 克	20%
钠	22 毫克	1%

首先，能量的主要来源，是各产能营养素：碳水化合物、脂肪、蛋白质及酒精。因此，这里的 2483 千焦，其实是通过几大营养素的含量乘以相应的能量折算系数，再求和而得的。

各主要产能营养素的能量折算系数如下：

能量折算系数

食物成分	kcal / g	kJ / g
蛋白质	4	17
脂肪	9	37
碳水化合物	4	17
膳食纤维	2	8
酒精（乙醇）	7	29
有机酸	3	13

○ 1 大卡 (kcal) 的能量相当于 4.184 千焦 (kJ)。

因此，100 克这样的巧克力的热量计算公式如下：
10.0（蛋白质）×17+55.0（脂肪）×37+14.0（碳水化合物）×17+5.0（膳食纤维）×8=2483 千焦

选择食材时，一定要计较"好卡路里"和"坏卡路里"

2007 年，三度荣获美国"科学作家协会"奖项（National Association of Science Writers）的著名作家盖里·陶比斯（Gary Taubes）出版了其影响甚广的作品《好卡路里，坏卡路里》（Good Calories, Bad Calories），指出"肥胖的关键不在于你吃下了多少卡路里，而在于卡路里的好坏"，"坏的卡路里来自刺激胰岛素过度分泌的食物"。虽然从科学的角度来看，卡路里只是一个热量单位，但是在现实生活中它确实有"好坏"之分。同样热量的情况下，三种营养素的比例并不会对体重的增减造成什么影响，但却会强烈影响进食者的主观感受，

○ 市售甜食、油炸食物等，都是典型的"空热量"食物，高热量且营养密度极低

比如吃 200 大卡的比萨和 200 大卡的绿叶蔬菜，带给人的满足感是截然不同的。由此也就诞生了"空卡路里"（empty calories）食物的概念，即只含有高热量，却不能为身体提供任何维生素、矿物质以及纤维素等营养成分的食物。

然而在很多人的减肥观念中都存在一个误区，即将卡路里的"好坏"直接等同于卡路里的高低，认为热量低的食物就是可以放心大吃的健康食品，而高热量的食物一定就是"坏卡路里"的来源，要从食谱中清除出去。实际上，能够有效避免因大量单糖被快速消化吸收而导致血糖大幅波动的食物，就是提供"好卡路里"的优质食材，这其中既有低热量的蔬菜，也包括高热量的坚果。所以，

食材本身是否有益于健康，与其热量的高低并没有直接关系，关注食物热量的根本目的，是为了保证在营养均衡的前提下，合理安排每一种食物的摄入量。

身体对热量的反应，比你想象中的复杂

"空卡路里"概念的诞生重塑了人们对于食物的认识，引导人们选择优质碳水化合物，注意维持血糖稳定，在食谱中增加天然食物的比重，却也催生了"低糖""零脂肪"等产品的盛行。在对体重的焦虑及概念的滥用下，在相当一部分减肥人士心中，脂肪和糖沦为食物中"空卡路里"的"原罪"，于是节食的形态从单纯的减少进食分化出了"糖有罪"和"脂肪致命"两大阵营。比如限制碳水化合物摄入的阿特金斯减肥法、生酮饮食等，虽然利用了热量间的差异帮助相当一部分使用者成功减肥，但是这种高脂低碳水的饮食模式到了理想体重的维持阶段就不再适用了。

○ 蔬菜也有热量，只不过和"空卡路里"食物相比，
蔬菜能提供更高的营养价值

○ 糖油混合物的确是减肥的"大敌"

英国广播公司（BBC）曾拍摄过一部纪录片《糖脂大战》（Sugar. V. Fat），同卵双胞胎克里斯和赞德在一个月内分别进行极低脂肪、高碳水化合物饮食和极低碳水化合物、高脂肪饮食，其间他们可以尽情、不限量地享受食谱上允许的食物。实验前后都会有医生用精密仪器记录检测他们的各项身体指标，包括胰岛素、血糖、胆固醇、体脂比等。

一个月的实验结束后，进行高碳水、低脂肪饮食的克里斯减少了1公斤体重，其中肌肉和脂肪比例各占一半；采用高脂肪、低碳水饮食的赞德则减轻了3.5公斤体重，但是其中有2公斤是肌肉。比肌肉减少更为可怕的是，在赞德的身上出现了胰岛素合成分泌能力变弱的情况，高脂膳食使他的身体对胰岛素反应不敏感，原本在健康水平的血糖浓度升高至糖尿病患病的临界值。

"我已经不吃糖了，你却说我正走在患糖尿病的路上，这是多么糟糕的消息。"赞德说。

赞德以健康的代价向我们揭示了食物的真相：没有单纯好或单纯不好的食物，很多我们以为顺理成章的联系，比如糖吃多了就会导致糖尿病，高脂饮食会升高血液中的胆固醇水平等，其实都是不完全正确的。千万年的进化过程所塑造出的人体是一个非常复杂的系统，不同器官和组织之间的协调微妙而精细。

另外，片中还展示了在肥胖神经生物学及毒瘾神经生物学领域中均有建树的保罗·肯尼教授的一项研究成果。他通过一系列设计巧妙的实验，证实了究竟是什么将人"喂"胖了。

他首先喂实验鼠吃糖类食物，完全不限时、不限量，饮用水也换成了高糖分饮料。动物们都很享受，吃得很香，但体重并没有增加多少。

随后，教授改用高脂肪食物喂养实验鼠，他发现尽情享受食物的老鼠虽然会长胖，但并没有胖很多，并且食量还随着饮食结构的变化而相应地变少了，似乎它们的身体能够对食物中的卡路里做出反应，提供"你已经吃得够多了，赶紧停下来吧"的终止信号。

但是，当实验鼠的食物变成包括芝士蛋糕在内的高糖、高脂肪类型后，与之前相比变化明显的是，它们进食的频率增高、食量变大、体重大量增加且变得肥胖而不爱活动。

肯尼教授发现，不同于单纯的糖或脂肪，生物体并没有天生转化糖脂结合物的生理机制。同时，这种自然界中并不存在的结合物尝起来又无比美味，因此身体不会判断是否需要这些食物，大脑中也没有反馈系统对此做出反应，告诉你何时应该停止进食。他将此命名为"享乐主义系统"，并指出这其实更像是一种毒瘾，无关乎营养价值或者热量高低，除了提供愉快的感受外没有任何价值。

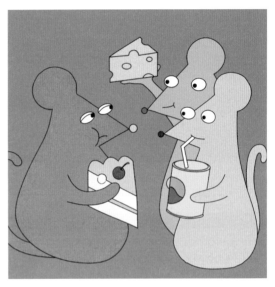

○ 经实验证明，吃糖油混合物比单纯吃糖或者脂肪类食物更易发胖

如果将科研结果延伸到生活中，当我们说想吃糖的时候，其实想的并不是糖罐子里纯粹的白砂糖，当我们说身体"缺油水"的时候，也不是在说冰箱里一块块的黄油。真正让我们上瘾、让我们难以割舍、让我们一吃就停不下来、让我们反复减肥失败的，是美味的糖和脂肪的混合物。

○ 完全不吃主食的饮食方式也不可取，因为主食中也包含很多人体每天必需的营养元素

低热量减脂，错误的方法很伤人

热量的概念并不复杂，也正是由于它的"看上去很简单"，才使得很多对于减肥或者控制体重有需求的人走上弯路，认为只要减少热量摄入，就一定会变瘦。于是节食甚至绝食开始大行其道，各种名目的代餐取代了真正的食物。节食者困在热量的迷局里，一边忍饥挨饿计算着卡路里数，一边拼命压抑着想要大开吃戒的冲动，虽然苦不堪言，但真正减肥成功者却寥寥无几。

其实早在 1950 年，美国著名生理学家安塞尔·基斯（Ancel Keys）便出版了一套上下两册的巨著《人类饥饿生物学》（*The Biology of Human Starvation*），探讨饮食、新陈代谢与健康之间的关系。书中记录了一个有趣的实验，基斯以年轻健康的男性作为实验被试，让他们先正常饮食一段时间，之后便进入一段为期三个月的半饥饿状态，其间需要保证每周步行 35 公里，三个月后重新恢复正常生活。

三个月的实验结束，回归正常生活的实验被试情绪有所缓解，但不幸的是，在他们中有些人依然存在进食问题，始终难以摆脱"想吃"的念头。对此，基斯六十多年前得出的结论放在今天依然适用：节食会对人的生理和心理均产生非常强烈的影响，单纯想要通过减少热量的摄入而达到减肥目的，往往会得不偿失。

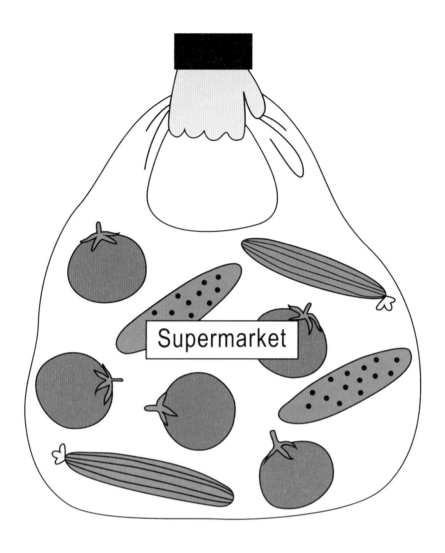

Supermarket

○ 只吃蔬菜或者只吃肉鱼海鲜等，都不是真正健康的膳食模式。用单一饮食法减肥，也必将反弹

还有些人选择了比节食者相对温和的方法，比如不吃油、不吃主食等，认为在不至于过度饥饿的同时，又减少了大部分热量的摄入，或许是一条行之有效的健康减肥之道。

但是，脂肪本身也是人体必需的营养素，食用油的作用不仅仅是改善食物的口感，更是为了提供营养，长期食用清汤寡水不含油脂的饮食，会导致食欲下降、脂溶性维生素缺失等症状，对身体的免疫力、皮肤抗感染能力等也都会带来负面影响。同时，主食搭建了人体膳食宝塔的基底，是日常健康膳食的基础，其中丰富的碳水化合物、膳食纤维、B族维生素和矿物质等，也是人体所不能缺少的。长期缺乏主食可能会导致低血糖、头晕心慌等问题，而代替主食用以果腹的蛋白质类食物，单一摄入过多则会增加痛风、骨质疏松等疾病的患病风险。

英文中节食一词"diet"的词源，来自希腊单词"diaita"，它非但不是指狭隘的限制饮食，反而是指一种整体的、全方位的、身心健康的生活方式，是生存和取得成功的根本。人是杂食动物，人类的身体从来不是为了某一种营养而设计的，而是为了吃到真实的食物、获取天然均衡的营养。所以，无论是节食还是单一饮食减肥，都带有严重的误导性，其荒谬之处就在于试图以一种不健康的饮食方式，代替另一种不正常的饮食方式。但无论哪一种营养物质，都注定不能成为解决肥胖问题的革命性的正确答案。

制造热量缺口

虽然不提倡节食，但如果想减肥，制造一定的"热量缺口"是可行方案。何为"制造热量缺口"？即一个人每天摄入的总热量，要低于每天消耗的总热量。

在日常生活中，对于一般活动量的成年人而言，男性每天建议摄入的热量约为 2500 大卡，女性则是 2000 大卡。然而要注意的是，这个数值仅为大致参考，每个人的性别、体重、身高、年龄、日常活动量都不同，实际需要摄入的热量因人而异。那么，我们该如何了解自己实际上大致需要摄入多少热量，以及每天可以消耗多少热量？这就需要了解一下基础代谢率 (Basal Metabolic Rate, 简称 BMR)。

基础代谢率（BMR）是指我们在安静状态下（通常为静卧状态）消耗的最低热量，人的其他活动都建立在这个基础上。BMR 的计算公式是这样的：

· BMR（男）=
66+（13.7× 体重 / 千克）+（5× 身高 / 厘米）−（6.8× 年龄）
· BMR（女）=
655+（9.6× 体重 / 千克）+（1.8× 身高 / 厘米）−（4.7× 年龄）

但因为我们每天通常不会一直躺着，总会有一定量的活动，因此如果想计算出每天实际所需的热量消耗，可以将上面得出的数值乘以以下系数：

· 几乎不动 = BMR x 1.2
· 稍微运动（每周 1~3 次）= BMR x 1.375
· 中度运动（每周 3~5 次）= BMR x 1.55
· 积极运动（每周 6~7 次）= BMR x 1.725
· 专业运动（2 倍运动量）= BMR x 1.9

举个例子，如果你计算得出自己的基础代谢率（BMR）是每天 1270 大卡，并且你的日常状态是大部分时间久坐不动，那么，你的每天所需热量则约为 1270×1.2=1524 大卡。

如果想减肥，就需要让每日实际的摄入热量，比这个数值少，反之则可能发胖。少多少？建议在 400~500 大卡左右，再减少的话，则有可能影响到我们日常的工作和学习活动。即使在减肥期间，一定的热量摄入也是必需的，男生建议在 1500~1800 大卡之间，女生建议是 1200~1600 大卡。

所以，与其通过偏激手段将健康状况推向危险的边缘，不如选择优质的食材、优化饮食结构、理性控制每日的热量收支，将获得心理与生理上的和谐作为目标。积极愉快的心情与良好的自我管理，才是减肥成功的不二法门。

食物热量参考（大卡 /100 克）

* 碳水化合物

高卡路里组		低卡路里组	
面包	312	小米粥	46
意大利面	350	白粥	46
燕麦片	367	山药	56
牛角包	375	土豆	76
油条	386	红薯	99
方便面	472	玉米	112
		面条	109
		米饭	116

燕麦片虽然看上去热量几乎与油条相当，但其中富含的膳食纤维能够防止血糖迅速上升，优质的蛋白质与脂肪还能提供更为持久的饱腹感。更为重要的是，食用 100 克燕麦片便可获得的进食满足感，仅 100 克油条是完全无法提供的，香酥的口感会令人在不知不觉间热量摄入超标。

* 蛋白质

高卡路里组		低卡路里组	
鱼片	303	猪血	55
热狗肠	307	鸡蛋白	60
猪肉松	396	鸭胸脯肉	90
香肠	508	黄鱼	99
牛肉干	550	基围虾	79
五花肉	568	鲈鱼	105
腊肠	584	瘦牛肉	106
奶酪	328	鲫鱼	108
豆腐皮	409	鸭血	108
豆浆粉	422	鲤鱼	109
全脂奶粉	478	鸡胸肉	133
		鸡蛋	144
		豆浆	16
		豆腐脑	15
		牛奶	54
		豆腐	57
		脱脂牛奶	57
		脱脂酸奶	57

牛肉干、烤鱼片是很多人心目中的健康零食，非油炸、低碳水，又富含蛋白质等营养。虽然比起薯片、饼干、爆米花等确实优质很多，但是其热量、含盐量之高依然需要对食量有所控制。另外，有些人喜欢早餐时喝一杯豆浆，但是同为豆浆，由于糖分、添加剂等的关系，现磨豆浆和豆浆粉之间的热量差异相当惊人。

* 膳食纤维

蔬菜

高卡路里组	
西蓝花	33
胡萝卜	41
洋葱	39
黄豆芽	44
藕	70
毛豆	123

蔬菜的热量普遍比较低，即使相对高热量的种类，依然可以放心选择（不过，淀粉类蔬菜在减脂期应该注意不要吃太多，尤其在吃了主食后）。

* 水果

高卡路里组		低卡路里组	
红枣	122	西瓜	30
鳄梨	167	木瓜	27
银耳	200	圣女果	26
（干）红枣	264	杨梅	28
桂圆干	273	草莓	32
葡萄干	341	芒果	60
		哈密瓜	34

天干物燥的时候，很多人——尤其是女孩子都喜欢炖些银耳，里面加一些红枣、桂圆干、红糖等，先不论这类汤品对身体是否有益，这些食材的热量都不可小觑，在食补的同时一定要把握好适量原则。另外，像芒果、哈密瓜之类的水果因为口感比较甜，常常会被误以为热量高，但其实只要不过量，减脂餐中依然可以有它们的存在。

* 脂肪

高卡路里组		低卡路里组	
白芝麻	517	栗子	212
黑芝麻	531	核桃	328
榛子	542	莲子	344
西瓜子	532	白果	355
花生仁	563		

高卡路里组		低卡路里组	
葵花子仁	615		
腰果	553		
山核桃	596		
开心果	562		
扁桃仁	579		
松子仁	673		

坚果类的热量普遍较高，作为零食很容易因为口感甚佳而食用过量。但作为优质脂肪、维生素 E 等营养物质的来源，仍然有必要适量食用。

* 调味料

高卡路里组		低卡路里组		零卡路里组	
五香粉	348	白醋	6	饮用水	≈ 0
红糖	389	生抽	20	茶水	≈ 0
冰糖	397	陈醋	114	零卡可乐	≈ 0
白砂糖	400	米醋	31	零卡雪碧	≈ 0
千岛沙拉酱	475	老抽	129	味精	≈ 0
牛肉酱	488	香醋	68	黑咖啡	≈ 0
海鲜酱	492	鱼露	47		
花生酱	594				
芝麻酱	618				
美乃滋酱	724				

Tips

* 不要等到肚子饿了再吃，补偿心理会令热量摄入超标，少食多餐远远好过挨饿后狂吃。

* 研究表明，同样热量的液体食物无法提供与固体食物相同的满足感，所以如果想靠喝饮品饱腹，会更容易摄入过多热量。

Better Diet, Better Body.

认真吃饭的人，
才会瘦

专访日本营养师菊池真由子

拉里 | interview & edit
菊池真由子 | photo courtesy
Ricky | illustration

"吃 ×××能治糖尿病。"
"吃 ×××能抗癌症。"
"吃 ×××就能瘦。"

互联网的发达，让我们有机会获取越来越多的信息，也让我们有机会接触越来越多的谣言。

每一句谣言都煞有介事，每一次传播都会多一个人上当受骗并推动下一次的传播。互联网并没有严谨的谣言判定与屏蔽机制，我们只能每天在真真假假的信息里浮沉，凭个人经验和感觉去打捞起所谓的"真相"，宛如一场赌局。

但是日本营养师菊池真由子知道，这种对饮食谣言的"放任"太危险了。病从口入，食物吃对了有可能疗愈身体，吃错了则可能成为我们的"砒霜"。那些直接关乎生命健康的饮食谣言，多传播一次，就可能多伤害一个人的身体，或者即使它不会造成什么伤害，也至少会打碎一个人的希望，因为他原本可以吃更适合自己的东西，原本可以拥有更好的身体。

管理栄養士 菊池真由子のダイエットクラス

お問い合わせはこちらから >

無料メール相談	ダイエット電話相談	著書紹介	無料メールマガジン	メディア掲載実績	プロフィール	ブログ

新着情報　2018.8.3　TV東京「主治医が見つかる診療所」に出演（2018.08.09放送予定）　　→ 一覧を見る

NUTRITION EDUCATION

ダウン症専門 無料メール 栄養相談受付中

ダウン症の長女を持つ、管理栄養士 菊池真由子が、栄養相談に直接メールでお答えいたします。

詳細はこちら >

○ 菊池真由子的免费营养咨询网站

"如果每一次遇到不知该不该相信的饮食说法时，都能先问一问专业营养师就好了。"很多人都这么希望过，然而现实是，在日本，专业营养师没那么容易咨询到，或者咨询费用很高，没办法常常咨询。

所以 2005 年时，菊池真由子做了一个决定——她要创建一个免费的营养咨询网站，随时接受咨询。

迄今为止，她从业 28 年，已对超过 1 万人进行过营养指导。这 1 万人中，有很多人向她咨询的目的是为了健身和减肥。在为他们做营养指导的过程中，菊池也在不断分析着这些案例的数据，总结出许多以前在营养学校从未学过、有些甚至和学校里的理论背道而驰的新经验。

她将这些能击破网络上诸多谣言，也能刷新一些营养教科书里的刻板理论的经验，整理成了一本书：《怎么吃都不会胖的饮食法》，2016 初版上市，目前在日本已累计销售 10 万本以上，至今仍然畅销。

図解

読んでるうちに「ムダな食欲」が消えていく！

食べても 食べても 太らない法

管理栄養士 菊池真由子

本体価格 **630**円 +税

量より質を見直すだけ！

 焼肉　×ハラミ　➡ ○ロース

 野菜　×キュウリ　➡ ○キャベツ

 スイーツ　×ショートケーキ　➡ ○シュークリーム

○ 菊池真由子的畅销书《怎么吃都不会胖的饮食法》

INTERVIEW
食帖 × 菊池真由子

菊池真由子

日本专业营养师、健康运动咨询师、日本在线咨询协会认定一级在线咨询师。

食帖 ◢ 您说过"认真吃饭的人才会瘦""比起量，质更重要"，为什么这么说？

菊池 ◢ 在管理营养师培训学校上课时，老师们总是强调："想瘦，就要控制热量摄入。"当时就那样信以为真了，因为其他学校甚至当时的整个营养学界也都是信奉这套。

然而，当我初次作为职业管理营养师，开始在一些聚集着很多运动员和健身爱好者的场所里提供专业咨询时，才发现，他们的第一要求是：必须确保有充足的体力完成运动。

因此，即便在一定程度上控制热量摄入，也必须确保各大营养成分充分摄入，否则便无法顺利进行运动。

在继续做顾问的过程中我观察发现，那些专注于控制热量摄入的人，和不是那么严格控制热量但会确保营养成分均衡和充足摄入的人相比起来，反倒是后者普遍更瘦。而前者，倒是大多数很难瘦下来。这样又在工作中持续观察了差不多 1~2 年后，我才逐渐确定，比起"量"，"质"确实更重要。

"认真吃饭才会瘦"，是相对于那些以为"越不吃就会越瘦"的人来说的。日本人通常的饮食习惯是一日三餐，尤其是早餐，既能为当日的活动补充能量，也能起到控制一整天食欲的作用，可以说是非常重要。不过，他们的晚餐有时也会失控，比如因为聚会等原因多喝了几杯或多吃了一些，这时候有些人就会选择第二天不吃早餐，以为这样就能抵消前一晚多摄入的热量。然而，这样只会让他们更胖。

100+30+200+
......= ?kcal

PROFILE

如果你只关注热量，就容易陷入上述这种减肥误区。只有充分摄入各种营养素，才能促进摄入的热量充分分解和燃烧，也只有这样注重"质"的饮食方式，才更容易瘦下来。

食帖▲近年来流行着很多种减肥饮食法，比如限糖饮食法、生酮饮食法、轻断食等，您怎么看？
菊池▲只要能在对身体健康无害的前提下，让体重减轻，并易于让人保持住减轻下来的体重，就还算是比较好的减肥饮食法。

反过来，如果是在有损健康的前提下减轻体重，则无论如何都不应尝试。

其实，无论何种减肥饮食法，都存在着"这种减肥饮食法的正确实践方法"。很多人随意尝试新的减肥饮食法并导致身体状态崩坏，有时候并非是饮食法本身的问题，而是操作方法不对。因此，如果你想尝试一种流行的减肥饮食法，一定要先去认真了解它的正确践行方式，以及所有需要注意的事项。

食帖▲在您看来，减肥不反弹的要诀是什么？
菊池▲不要累积压力。比如说，长期压抑克制食欲，就是在累积压力。当压力越来越大，它会促进分泌一种增强食欲的激素。于是，在激素的作用及释放压力的欲望下，突然有一天，你会控制不住自己，暴饮暴食一通。压抑减肥法是无法持续一生的，这样的"爆发"总会到来，反弹是迟早的事。

不只是克制食欲，任何让你在践行过程中感到坚持得很痛苦的减肥法，都是无法长久践行的，因而也就必然导致坚持不下去时的反弹。

因此，只有那种在初始时需要稍加克制但不用特别痛苦，就能将饮食与生活方式一点点改变，并最终可以愉快享受这种新的生活方式，来让身材愈加理想的减肥法，才是不会反弹的健康减肥法。

无论何种减肥法，都必定需要改变饮食生活中的"某个东西""某个地方"。只有将这种改变一点点地融入到自己的饮食习惯里，让自己愉快地适应新的饮食生活方式，才能获得不反弹的理想身材。

食帖▲"只要营养摄入均衡，多余的热量摄入就不容易变成身体脂肪。"这句话能否具体说说？
菊池▲多余的热量摄入主要是借助维生素及多种矿物质微量元素来转化成为自身的能量与体温，并发散出去。当维生素与矿物质微量元素不足时，热量就容易转化成脂肪囤积于体内。因此，应当尽可能多摄入各种类型的食物与营养，维生素、矿物质微量元素、纤维素等都是身体必需的营养成分。

并且，会摄入过多热量的原因，往往是因为摄入了过多的糖分和脂肪。而在摄入过多糖分和脂肪的情况下，通常伴随着维生素、矿物质、纤维素等营养成分的摄入不足。因此，为了确保营养均衡摄入，时刻提醒自己多摄入维生素和矿物质微量元素，多吃蔬菜、海藻类、菌类等低脂肪、低热量的食物，自然而然地对糖分和脂肪类食物的摄入量就会减少，因此也就不易摄入过多的热量，会形成一个正向循环。

食帖▲减肥人群可以吃烤肉吗？
菊池▲当然可以，在日本的烤肉店里"肋排肉"很受欢迎，不过这种肉的白色脂肪部分较多，容易摄入过多脂肪和热量。如果可以选择，建议尽量选脂肪较少的红肉来烤，比如里脊（菲力）这样的部位。另外，肉馅通常都会掺杂较多肥肉，建议少吃。

食帖▲中国职场里常见"过劳肥"的现象，很多人工作越忙身材越胖，日本是否也有这种现象？
菊池▲日本也一样，加班越多的人越容易发胖。原因是各种各样的：

① 因为工作忙得顾不上吃饭，晚饭通常吃得太晚（晚上22:00 至凌晨 02:00 是最容易发胖的时间段）。
②午饭到晚饭前的时间段里吃太多零食。因为工作忙，

容易感到饿，但又没到正餐时间，很多上班族就会在中途吃一些零食补充能量，但有时不小心就会摄入过多热量。

③因为忙所以没时间慢慢吃饭，吃得太快而导致不小心吃得过多。

④工作压力大，习惯通过吃东西来解压。时常无意识地吃过多的东西，喝过多的酒。

⑤加班后为了消除疲劳和犒赏自己，容易倾向于吃甜食。因为甜味能令大脑感到愉悦和放松，并且会越吃越想吃。

食帖▲怎样吃消夜才能不那么容易发胖？
菊池▲想要吃消夜而不长胖，有两个要点：

1. 晚饭一定要吃。即使因为加班不方便吃晚饭，也可以吃一些能量果冻、营养补剂等作为补充，但不要吃糕点类。附近有便利店的话，买一个饭团或三明治也可以。在这之后再吃消夜时，身体不会处于过度饥饿状态，不容易吃得过多。这时再回想一下晚餐吃了什么，也有助于你有意识地控制一下消夜的分量。

但要注意，无论晚餐还是消夜，都尽量不要吃甜点类食品。

2. 食物注意控制糖分和脂肪含量。米饭或面条类都容易发胖，因此吃消夜时尽量避免吃或少吃这类食物。鸡蛋料理比较推荐，因为含有较多 B 族维生素，有助于促进代谢和缓解疲劳，作为加班后的消夜来说正合适。

食帖▲想要减肥，不只是改善饮食方式，也要配合一定的运动对吗？还有哪些生活习惯有助于维持理想身材？
**菊池▲配合运动一定会更好。不过，懒得动、没时间运动的也大有人在，对这样的人来说，不必拘泥于"运动"，可以尝试多做做家务，多打扫卫生，上下班时多走路，上班时不要一直坐着，每天尽可能多地站立，类似这样的小活动也是可以的。比如擦地板时，可以试试直接蹲在地上，用两只手推着抹布去擦，这样一边擦干净了地板，也一边能进行拉伸动作。不过会稍微有点儿麻烦（笑）。

除此之外，定期检查和确认冰箱里的食物也很重要。

· 含糖饮料、可乐等碳酸饮料都很容易让人发胖，建议都换成牛奶、无糖的茶类饮品等。
· 另外要确认，蔬菜、鸡蛋、肉、鱼类食材，是否都有"库存"。
· 有条件的话，尽量自己做饭，这样才更容易控制油、盐、糖等的用量。因此，冰箱里有充足且类型丰富的食材，尤为重要。
· 新鲜蔬菜不便长期保存的话，冷冻蔬菜也可以，营养成分也保存得很好。
· 总之，每顿饭尽量吃得营养均衡。

Eat Seasonings Right.

吃对调味品

张双双 | edit

珍珍 |photo

三时三餐之间，为食材添加五味的除了食材本身、适当的温度和烹饪方式之外，调味品似乎常常被忽略。它们看起来好像是不起眼的配角，但是给予食材的化学反应常常令人惊喜，只是对于减肥健身的人群来说，调味品中也存在心头好和"雷区"，那么想要减肥健身的人群应该如何选择烹饪时的调味品呢？

什么是调味品？

调味品和调味料都是指加入其他食物中用来改善味道的食品成分。当然大多数时候，除了味道之外，香气和颜色都有可能随之改变，让人食欲大增。

从广义上来讲，调味品可以包含咸味剂、酸味剂、甜味剂、鲜味剂和辛香剂等，其中还包括天然调味品和人工调味品。

调味品既简单又复杂，其实它的分类标准非常多元化，像我们日常会食用的调味品，或许就可以从以下几个方面来分类：

分类	状态	举例
简单化学物质构成		食盐、白糖、味精等
发酵调味料	酱类	虾酱、豆豉、甜面酱、豆瓣酱等
	液体类	酱油、醋、鱼露、料酒、酒酿等
单一植物成分	液体类	芝麻油、辣椒油、红椒油、花生油、椰浆等
	鲜用（包含香草）	生葱、大蒜、洋葱、辣椒、香菜等
	干用（香料）	果实 & 种子：胡椒、八角、茴香、豆蔻、芝麻、

分类	状态	举例
单一植物成分	干用（香料）	花生、花椒、辣椒、罗望子等 花：丁香、番红花、姜花等 叶：香叶、薄荷、香草、百里香、紫苏、香茅等 其他：干姜、桂皮、甘草、桂枝等
多种成分混合	固体类	五香粉、十三香、姜黄粉、咖喱粉等
	液体类	番茄酱、海鲜酱、沙茶酱、芝麻酱等

而如果从人的味觉来看，我们常说的五味还不够涵盖所有调味品的作用，在调味品中精细分类的话，其实应该有七种味道，分别是：**咸、甜、酸、辣、鲜、香、苦**。

① 咸味

中性盐所体现的味道。氯化钠、氯化钾、氯化铵都有咸味，但是成分不同，还会有其他味道掺杂于其中。日常烹饪咸味的主要来源是我们非常熟悉的盐，主要成分是氯化钠，相比于其他咸味来源来说，氯化钠的咸味最为纯正。而能提供咸味的调味品除了盐，还有酱油、酿造酱类调味品等。

② 甜味

令人心情愉悦的味觉体验。聚合度较低的糖类物质都有甜味，比如蔗糖、麦芽糖、果糖等，市面上常售的则有白糖、红糖、蜂蜜等。但是除了真正的糖以外，近些年代糖也开始出现在人们的餐桌上。代糖就是低热量的甜

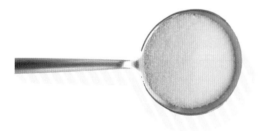

味剂，通常分为可以产生热量的营养型甜味剂，和不产生热量或极少产生热量的非营养型甜味剂。像木糖醇、糖精、阿斯巴甜、安赛蜜、甜蜜素等，都是常见的代糖。

③ 酸味

食醋、番茄酱还有酒，都能提供酸味，它们当中通常都含有醋酸、柠檬酸、苹果酸或者乳酸，这些有机酸能够参与人体的正常代谢，属于弱酸，正常摄入不会对身体健康造成影响。

④ 辣味

主要是由那些不挥发的刺激成分刺激口腔黏膜所产生的味觉体验，能产生的辣味的成分相对来说比较复杂，比如辣椒中的辣味主要来自辣椒碱，生姜中的辣味则是来自姜油酮和姜辛素。

⑦ 苦味

来源主要是茶叶碱、可可碱、咖啡因等，所以用茶、咖啡等调味品当作佐料，或许能让食物产生不一样的味道。

⑤ 鲜味

食材本身足够新鲜的话，鲜味手到擒来。除此之外，味精、鸡精、蚝油、鱼露等调味品也同样可以增加食物的鲜味，其中的各种氨基酸、酰胺、谷氨酸等是发挥作用的主要因素。

吃对调味品

在减肥过程中，常说在饮食上要注意"减油、减盐、减糖"。除了减肥，想要保证身体健康这三点也应该多加注意。从减盐方面来说，食盐似乎是每一种料理、每一顿餐点中都必不可少的调味品，但是如果在烹饪过程中已经加入了可以增加咸味的调味品，比如酱油、酱类，那么食盐就不是必需的了。《中国居民膳食指南（2016）》指出，一般 20 毫升酱油中含有 3 克食盐，10 克蛋黄酱含有 1.5 克食盐。如果菜肴需要用酱油和酱类，应按比例减少食盐用量。

⑥ 香味

色香味俱全的评判标准之一，通常来源于各种香料，比如茴香、桂皮、花椒、丁香等；酿造类的诸如酱油；酱类也同样能让食物散发出香气。

> Tips

中国营养学会建议健康成年人一天食盐（包括酱油和其他食物中的食盐量）的摄入量不超过 6 克。通常情况下，其他食物、调料可以提供平均 2 克左右的盐，那么每个人每天建议使用的食盐烹调量即 4 克（一啤酒瓶盖左右的量）。

不过，其实不必担心减盐后就会味道清淡，还有很多方法可以增添菜肴的风味，既然减肥不宜加糖，那我们就添加一些鲜、酸、香。同时，在增添鲜味、酸味、香味的调味料时，也应秉持"替换"原则，尽可能多用天然食材替换加工调味品。

比如想要提升食物的鲜味，用味精和鸡精都是"偷懒"，可以用一些富含鲜味成分的天然食材，如香菇、洋葱、番茄等，或者日料中常用的鲣鱼花、鲣鱼素；想要提升食物酸味的时候，除了使用食醋之外，天然的柠檬汁、果醋、天然酿造醋等也可以达到相同的目的。以及各式香草和香料，也能为菜肴增添独特且丰富的香气。

香料在这里则主要是指可食用天然香料，它们通常也提取自某种植物，香味浓郁且易于保存，比如肉桂粉、桂皮、姜黄粉等。

糖类，减肥健身人群面对这一类调味品总是如临大敌，精制糖或者天然糖如果过分摄入的话都容易造成脂肪堆积，甚至引起身体疾病。尤其是添加糖（人工加入到食品中的糖类），属于纯能量食物，不含其他营养成分，过多摄入会增加龋齿及超重肥胖的风险。

这里就具体讲一下什么是香草和香料：

香草主要是指各种植物的叶子，可以是新鲜的也可以是风干的、磨碎的，比如常见的有罗勒、薄荷、欧芹、迷迭香等。

除此之外，用真正的番茄代替番茄酱，能够减少日常生活中"隐形糖"的摄入，加工品中的隐形糖相对于看得到、摸得着的糖类来说更具有威胁性，能够选择天然食品的时候尽量不要选择加工食品。

但是如果是有特殊需求的人群，或许还可以选择代糖。比如糖尿病人群，可以选择木糖醇、甜菊糖、赤藓糖醇等营养型甜味剂，代糖通常只能为食物增加甜味，却不会像真的糖类（碳水化合物）一样引起血糖和胰岛素的变化。如今，代糖在餐桌和食品工业上的应用愈加广泛，诸多品牌都为了"健康"开始将碳水化合物替换成为代糖，其中甜菊糖、赤藓糖醇等就是热销的代糖品种。

《中国居民膳食指南（2016）》建议，平衡膳食中不要求添加糖，若需要摄入建议每天摄入量不超过 50 克，最好控制在约 25 克以下。

食用油，有着较高的热量但同时又包含人体必需的营养素，除了减肥健身人群，有心脑血管疾病的人群也应该注意用油的选择。根据《中国居民膳食指南（2016）》，油脂摄入应该尽量多元化，注意不同油脂中的成分构成，从而平衡身体所需。

油脂就是油和脂肪的合成，油脂可以被水解成为甘油和脂肪酸，所以也被称作三酸甘油酯。

脂肪酸可以分为饱和脂肪酸和不饱和脂肪酸，饱和脂肪酸还可以分为短链、中链和长链三类，不饱和脂肪酸分为单不饱和脂肪酸、多不饱和脂肪酸和反式脂肪酸。

饱和脂肪酸

多来源于动物油脂，比如红肉中的脂肪以及猪油、黄油奶制品等。也有某些植物油中含有大量饱和脂肪酸，比如椰子油和棕榈油。饱和脂肪酸相对来说是最稳定、保质期最久的一种油脂，尽管多年来，饱和脂肪酸总是和各种心脑血管疾病挂钩，但是越来越多的研究表明，饱和脂肪酸和心血管疾病没有必然联系，相反，它可以帮助人们增强骨质健康，维持激素水平。

椰子油中含有大量的中链饱和脂肪酸，中链脂肪分子比其他食物的长链脂肪分子要小，更容易被人体消化吸收，给身体带来的负担也较小，而且我们的肝脏更倾向于使用中链脂肪酸作为能量来源，这样也能提高新陈代谢的效率。

单不饱和脂肪酸

来自于橄榄油、葵花籽油和某些坚果中的油脂，相对来说不稳定，不适合高温煎炸，容易产生有害物质，所以这类食用油更适合凉拌使用。这也是目前公认的健康油脂，能够帮助改善胰岛素水平，保护心脑血管，预防心脏疾病等。

橄榄油可以说是迄今为止所发现的油脂中最适合人体营养的油脂，不仅含有丰富的单不饱和脂肪酸——油酸，还有各种维生素及抗氧化物，冷榨出的橄榄油不经加热和化学处理，这些营养元素都能得到保留。

橄榄油适用于凉拌菜、沙拉调味，可以代替高热量的沙拉酱，通常一勺沙拉酱的热量能超过一份沙拉食材本身的热量，所以有减肥需求的人群可以将沙拉酱替换成油醋汁，用最简单的橄榄油、食醋或柠檬汁来进行调味，最大程度地降低热量摄入。

多不饱和脂肪酸

大量存在于常见植物油中，比如菜籽油、玉米油、花生油等，因为含有大量的多不饱和脂肪酸，所以更容易被氧化，日常应该在冰箱中储存。并且这种食用油不适合长期食用，容易引发身体炎症和心脑血管疾病，最好能和其他油类交替食用。

然而，多不饱和脂肪酸中包括 ω-3 和 ω-6，其中 ω-3 是人体自身无法生成的必需脂肪酸，能够帮助身体抗炎症、保护心脑血管、降低血压。ω-6 有助降低血液胆固醇、保护皮肤，但是长期使用 ω-6 比例较高的食用油，容易引起身体炎症。因此在选择一种食用油时，ω-3 和 ω-6 的比例也是衡量健康与否的重要标准，为了降低炎症风险，应该尽量摄入 ω-3 比例较高的油脂，比如亚麻籽油、深海鱼肉、草饲黄油等。

反式脂肪酸

主要出现在煎炸食品中，以及方便面、微波炉爆米花、甜甜圈、植物黄油等加工食品中，反式脂肪酸对身体可以说是有害无益，日常饮食中应该尽力避免食用。

$\boxed{\text{Tips}}$

应控制烹调油的食用总量不超过 30 克 / 天，并搭配多种植物油，尽量少食用动物油、人造黄油或起酥油。

各类食用油油脂脂肪酸构成比例

■ 饱和脂肪酸　■ 单不饱和脂肪酸　■ ω-3　■ ω-6

食用油	饱和脂肪酸	单不饱和脂肪酸	ω-3	ω-6
菜籽油	7	61	11	21
亚麻籽油	9	16	57	18
葵花籽油	12	16	1	71
玉米油	13	29	1	57
橄榄油		75	1	9
大豆油	15	23	8	54
花生油	19	48	0	23
猪油	43	47	1	9
棕榈油	51	39	0	10
黄油	68	28	1	3
椰子油	91	7	0	2

相比于食材本身来说，调味品好像空气一样的存在：必不可少却很难引人在意。但是调味品吃得好不好、对不对，也很大程度上影响着我们健身减肥的效果以及身体健康。所以用好的调味品、吃对食材、吃对量，是日常饮食的关键，也能帮助我们在减肥健身上取得事半功倍的效果。

In Defense of Real Food

为真实的食物辩护

马楠 | interview & text

雨子酱 | illustration

Wikipedia Commons Unsplash | photo

《史记·郦生陆贾列传》里有云："王者以民人为天，而民人以食为天。"可见自古以来，吃饭就不是一件等闲小事。

如今我们生活在一个高度工业化的时代，流水线上的食物越做越快，每一分钟可以生产多少瓶汽水，每一秒钟能够切多少个面包片，这些产品又怎样能在尽可能长的时间里保证品质和口味不变，都变成了可以精确控制的参数。

但是，工业化的目的，究其本源并不是为给我们提供最好的食物，而是以最低的成本、最快的速度，供应最大量的产品以满足不断扩张的需求。那么在这种情况下，人类的进化速度，又或者更确切地说是人类消化系统的适应性，是不是真的能够跟上工业发展的脚步呢？从过去一个小小的竹篮就能实现的食物选购，到如今一辆购物车都难以完成任务，那些摆满一排排货架、塞满一辆辆购物车的选项，真的都是"食物"吗？又或者说，在今天，究竟什么才算得上是"真实的"食物？

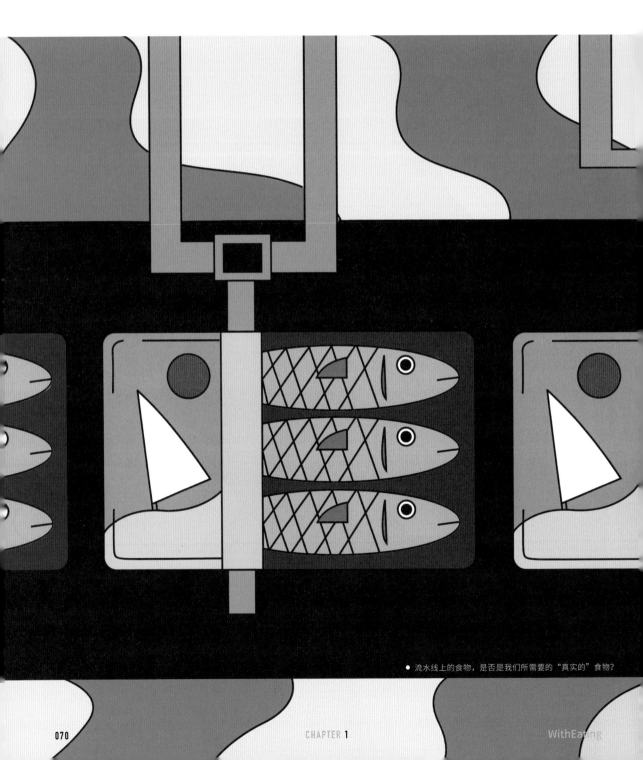

● 流水线上的食物，是否是我们所需要的"真实的"食物？

有机食品才是"真实的"食物？

说到"真实的"食物，很多人第一时间会想到"有机食品"，食品安全之外，消费有机产品还渐渐衍生出了步入中产阶级、讲究生活质量等特殊意义，"有机"的概念让人们在工业社会的迷雾中看到了一丝"返璞归真"的光亮。

○ 各种不同国家的有机认证标识

农业生产中会造成减产甚至绝收的一个重要原因就是病虫害，而使有机概念如此深入人心的一个关键，也就是由此生出的农药使用问题。无论是使用常规方法还是有机种植，农药都是一个绕不开的话题。文艺复兴初期著名的炼金师、医师、自然哲学家帕拉塞尔·苏斯有名言道："所有的物质都有毒，没有无毒的东西，毒与药的区别就在于用量。"这一说法发展至现代，就浓缩为毒理学中一个听上去似乎简单粗暴的原则：万物皆有毒，只要剂量足——对于农药而言，这一原则尤其适用。

> 所有的物质都有毒，没有无毒的东西，毒与药的区别就在于用量。
> ——帕拉塞尔·苏斯

其实，无论采用怎样的种植方法，都必然会使用农药，而每一种农药在被批准投入使用之前均须经过一系列完善的评估，对其各方面的毒性、最基本的安全性等进行不同剂量下的动物实验，分析得到的数据后总结出一个对动物的各项生理指标都没有影响的最大使用量，即"安全剂量"。用动物实验中的长期安全剂量除以"安全系数"（一般是100），得到的值就是人类对于该种农药的"每日允许摄入量"，称为"ADI值"。也就是说，即使我们每天食用的食物上面都存在一定量的农药残留，但是只要不超过 ADI 值，就算常年食用也不会对身体造成危害。

但是，这还不是保证食品安全的终点，在获得 ADI 值之后，还会根据通常情况下人们在日常饮食中可能会进食的最大量，计算出一个该种食物在相应 ADI 值下的"最大允许限量"，这才是食物真正的"安全标准"。

所以，究其本质而言，大多数的"有机食品"依然是一个围绕商业目的和销售希望而创造的概念，它并不一定代表着比常规的生产方式更安全、更有营养。

并且，举个颇为极端的例子，即使汽水里的高果糖玉米糖浆是用有机作物制成的，它也不可能因此成为一种不影响胰岛素代谢的健康饮料。因此，大多数的"有机食品"并不能为"真实的食物"代言。

不过，虽然"有机食品"不能取代常规生产的食物和为"真实的食物"代言，但其不使用或减少使用化肥及合成农药的生产方式，确实对环境更为友好，给土壤等造成的直接影响也更小，从可持续发展的角度而言，虽然提高了生产成本，却是一项值得的投资。

同时，有些有机作物因为不能使用化肥或者合成饲料，在生产周期上比常规生产要经过更长的时间，食物也因此有了更充裕的时间积累风味物质，口感或许更好，这也是为什么有些人会觉得"从有机食品中吃出了小时候的味道"的原因。所以，在经济条件允许的前提下，有机食品也可以是一种不错的选择。

怎样才算吃对"真实的"食物？

在 20 世纪 80 年代初的《诗刊》上，贾平凹发表了一首《三中全会以前》的诗，题目看起来很宏大，但实际上却只有短短两句："吃了吗 / 吃了。"异常生动地概括了"吃"这件事情在人们心中占据的位置。

对于当今这个物质匮乏相对缓解的世界而言，人们在"吃"这件事上的神经却始终紧绷着，不是简单澄清一两个科学概念后就能够有效缓解的。

早在 1997 年，史蒂文·布拉特曼博士就定义了一种名为"健康食品强迫症（Orthorexia nervosa）"的心理疾病，病人在对饮食的健康有着近乎理想化执着的同时，对于不健康的忧虑也达到了一个甚至会产生焦虑和恐惧情绪的程度，严重影响着身体健康和正常生活。对此，布拉特曼博士给出的建议就是："不要一味听从名人或者专家的话，不要把饮食视为生活的重点。与其一个人在家吃甘蓝，不如和朋友们分享比萨。"

博士最后关于"比萨"的建议，并不是要人们就此放弃健康饮食，放肆地沉溺于美味与进食的快感。他只是看到了食物对健康的影响，无论是健康的食物还是所谓的"垃圾食品"，都是建立在长期、大量，甚至单一进食的前提下才能够体现出来的。并且，即使到了对于"健康食品"几乎偏执的程度，依然距离"真实的食物"这一命题的终点有相当长的距离要走。

曾有过一个很有趣的实验，研究员们在一家杂货店中向消费者分发压缩谷物棒，一种上面贴着"美味"的标签，另一种则是以"健康"作为主要卖点。随后经过调查统计，发现拿到"健康"谷物棒的消费者在食用一段时间后，所反馈的饥饿程度要比"美味"谷物棒食用者高出很多。但实际上，这两种谷物棒是完全相同的。

这个实验告诉我们，在所有贴在食物上的标签中，"健康"是最容易理解，却也是最具迷惑性的一个，人们虽然很想知道自己的食物是否健康，但是大多数人对于这个问题的判断标准以及相关标签的判断能力，并没有达到一个相应水平。在很多人心中，"健康食品"总是与"难吃""清淡"等联系在一起，而"健康饮食"也就相应地成为"吃不饱""不满足"等的代名词。

所以，在这样一个无论是生理上的进化，还是心理上的认知都难以准确跟紧工业化脚步的时代，与其执着于定义什么是"真实的食物"，不如留心体会自己身体的感受，找出什么是"身体喜欢的食物"。

找到身体喜欢的食物要比揭示食物的本质简单很多，无论是科学家、营养学家还是医生在这个问题上都更容易达成一致：吃得杂比较好。吃得杂，即指饮食结构多样性。

○ 饮食结构多样性，是以天然食物为前提

虽然在超市里可以找到让人眼花缭乱的各种食品，让人有食物种类大爆炸的错觉，但实际上，大多数精加工食品的原料都只是那么有限的几种基础作物，而占据其中最大多数的就是玉米、小麦、大豆等。所以，当尝试在饮食结构中增添一些新食材——注意是新食材，而不是以新的加工方式制作出的"新食品"——的时候，就拥有了一个更全面营养的可能。

同时，饮食结构的多样性，还会在一定程度上改变牧场、农田里的生物或者作物多样性。

当我们的食物不再单一聚焦于某一特定种类的时候，为我们提供该种食物的压力也就会相应减少，进而意味着农民不需要使用大量的化肥，牧场主不需要考虑在饲料中增大激素类物质的添加，土壤、作物、动物都会因此更加健康，作为最终结果，人类的健康水平也会有所改善。

日本导演是枝裕和自编自导的电视剧《回我的家》中，山口智子饰演的妻子曾对女儿说这样一番话："世界不仅仅是由你眼睛看到的东西构成的，和世界一样，料理也不仅仅是由你眼睛看到的东西构成的。"食物在如今被简化为安全与营养的商品之前，自古以来都与进食快感、人际交往、家庭关系、精神生活，甚至自我身份的体现息息相关，饮食不仅仅是饮食之道，同时也是饮食文化。

"身体喜欢的食物"满足的不仅是生理上的需求，更能

让人在进食的过程中获得精神上的慰藉，或许这种能够
在短线的感受和长线的结果之间取得某种平衡的食物，
才是对抗工业化速成时代所需要的"真实的食物"。

Cook Things Right.

没有错的食物，
只有错的做法

拉里 ｜ text & edit

Unsplash 珍珍 ｜ photo

在营养学界流传着这样一句话："没有'坏'的食物。"

只有"坏"的吃法。

○ 产生美拉德反应后的食物虽然美味，但对身体健康确实有一定的危害性

这个"坏"包含很多含义，比如"不够营养""会长胖""不好吃"等，都是我们有时会给某种食物扣上的"黑帽子"。

"不够营养"这样的标签，有时是因为某种食物在蛋白质、维生素、矿物质这些营养素上含量不够突出，不过，它却很有可能含有大量的膳食纤维；"会长胖"则通常是指两种情况，一是某种食物脂肪含量较高，二是某种食物含糖量较高，不过，脂肪并非都是"坏"的，含糖高的食物也可能同时含有较多其他人体必需营养素。

但要注意，上述"食物"皆指天然食物，而非加工食品。如果认真阅读过前面几篇关于营养素的基本介绍，此时应该会明白，为什么我们需要尽可能吃天然食物，为什么应该在一餐中尽可能全面摄取各种类型的营养素，以及为什么应该大致控制每餐中每类食物的搭配比例。因此，看到"绝对不要吃×××""×××食物吃多少都不会胖""你每天只吃×××就会瘦"这样的话，大脑就该自动将其屏蔽。当然，此处的×××也仅指天然食物。

那么，就剩下"不好吃"这个标签最难撕去了。

因为"不好吃"涉及到主观感受，主观感受则最有可能天差地别。比如有些人疯狂迷恋鳄梨的醇滑口感，有些人却觉得它毫无风味。有些人喜欢鸡胸肉的纤瘦清爽，有些人却觉得"柴"得无法下咽。

怎么办？"众口难调"是否真的没有解决方案？其实，还是可以"调"的。

觉得鳄梨无味，就为它增添风味；觉得鸡胸肉"柴"，就想办法让它不"柴"。**解题的关键，就是调整烹饪方法。**

调整烹饪方式有两个着眼点：
① 让食物更好吃，或者说更适合自己的口味。
② 让食物在好吃的同时更健康，更好地保存营养和控制热量。

如果仅仅为了好吃，就不顾一切地多油多盐多糖，重口味是满足了，身材也会跟着变"重"。所以，我们要探讨和追求的烹饪方式，是在好吃与健康之间找到平衡点。并且，这完全可以做到。

煎、炒、炸、烤、煮、蒸、焖、拌，这几种是我们日常饮食中最常用的烹饪方式。

zhá
炸

这其中，最不推荐的烹饪方式是"炸"。

有些人以为油炸食物的问题仅仅是油多，脂肪含量高，因而热量高。但其实，油炸的弊端不仅如此。油炸过程中，会生成大量自由基，人体内自由基的增加会带来多重危害，比如增加罹患癌症、心血管疾病的风险，还会加速衰老等。同时，多不饱和脂肪酸也会在高温下氧化和转变为不健康的反式脂肪酸，反式脂肪酸的危害前面也已说明。

然而除了这些，油炸食物还有一招"撒手锏"——丙烯酰胺。已有研究结果证明，丙烯酰胺也是促进癌症发生的关键物质。尤其是高碳水化合物、低蛋白质的淀粉类食物，在高温烹调（120℃以上）下都会产生丙烯酰胺，比如炸薯条和炸薯片，其中丙烯酰胺的含量已超出我们可承受限量的数百倍。

Jiān 煎

再说"煎"。

虽然很多人认为煎也需要用较多油和较高的温度，但相较于高温油炸和直火烧烤，煎的温度调控范围广得多。比如鱼肉或鸡胸肉等白肉类，都很适合低温慢煎。另外，一些不易出水的蔬菜也适合小火慢煎，比如根茎类蔬菜。

Kǎo 烤

那么，"烤"通常也是用高温烹调，是否也不可取？

如果是为了健康考虑，做烘烤食物时的确应尽量避开高碳水化合物、低蛋白质的淀粉类食物，比如马铃薯、红薯、谷物等，而尽可能选择低碳水的蔬菜、菌菇、肉类、海产品、大豆制品等。

并且，因为高温烹调或多或少会损伤食物营养成分和产生有害物质，即使是烘烤，也建议不要采用高温火源直接接触食物的明火炙烤，而是用烤箱烘烤，温度也不宜过高，建议尽量低于200℃。

相较于炸和煎，使用烤箱烘烤还有一个优点，就是可以减少用油，这样也可以一定程度上减少高温下油脂氧化生成的有害物质。如果再加入一些水分较多的食材，或者在烤物里添加水分（比如调味汁），再盖上铝箔纸进行"低温焖烤"，其实效果就会类似于焖蒸，可以说是比较健康的烹调方式了。

Chǎo 炒

容易出水和质地较嫩的蔬菜，则适合"快炒"。

通常快炒需要较高温度（大火），才能在短时间内让食物熟透出锅。因为烹饪时间缩短，蔬菜的维生素和矿物质等营养成分的损失能相对减少，并且快炒的口感较好。

Mēn 焖

不过，如果你还是担心较高温度对营养的破坏，则可以选择"焖"。

用较低温度（中小火）翻炒到蔬菜七成熟，再转小火，加少许水，盖上锅盖，焖几分钟，至蔬菜全熟，这样就能更好地保存蔬菜中的营养成分，口感也较嫩。

Zhēng 蒸

接下来说的烹饪方式，或许可以说是健身减肥者最应该经常使用的——"蒸"。

食材也无须加油，且无须入水，全凭蒸汽蒸熟，虽然"蒸"的温度通常超过 100°C，但相较于快炒、煎、烤、炸来说仍要低得多，也避免了营养成分流失入水中，可以较好地保存食材的营养。同时，蒸食口感软嫩易消化，食材的风味成分也会在蒸制过程中更加凝聚，不加调味料或者只做简单调味，就能品尝到很鲜明的风味，一定程度上也减少了因调味料摄入的盐或糖。

Zhǔ 煮

比"焖"使用更多水来烹饪的，是"煮"。

煮听起来很健康，因为不用油，热量似乎更低，水煮温度也不高（通常低于 100°C），看似对食材的营养破坏没那么严重，比如水煮鸡胸、水煮西蓝花，就是很多健身爱好者的家常便饭。不过事实上，水煮过程中，食材的营养成分流失得并不少。流到哪里去了？水里。所以，除非是煮剩的水也会当汤喝掉，先用较低温度煎或炒，再加少许水将食材焖熟（出锅时水分应该几乎收干），或许是更健康也更好吃的做法。

Bàn 拌

最后说说"拌"。

"拌"通常用于冷盘制作时，和前面几种相比，"拌"也许是温度最低的烹饪方式。不管是中式大拌菜，还是西式沙拉，都属于"拌"菜。因为拌菜多是拌生食的凉菜，所以被认为是最不破坏食材营养成分的方式。不过，生食其实也有风险。农药、化肥、毒素（植物本身存在的某些对人体有害的成分）、寄生虫……在无法完全确认食材安全问题的情况下，蔬菜生食应格外注意充分清洗甚至浸泡（个别含有某种毒素的蔬菜必须加热食用，比如豆角），肉类则尽可能避免生食。另外，拌菜虽多是指"凉拌"，其实也包含"热拌"，比如沙拉中也有"warm salad"（热沙拉）这一类别，即是指将各种配菜先烹熟，再趁热拌在一起。

Chapter T

Those who turn back never reach the summit.

中途返回就永远抵达不了顶峰。

不瘦下来, 怎么知道自己到底长什么样子?

想下辈子再瘦吗?
别做梦了。
你只有一生,
只活一次,
哪来的下辈子?

你确定今天的自己是"健康"的?

过多的脂
"一个大月
不要只是
没瘫痪的

身材

看着

实践篇

You an
吃下每
"我的身

减肥是让身体更轻盈、有力、健康，
放任自己胖着才是糟蹋身体。
BETTER DIETS,　好好吃饭
BETTER BODY.　才会瘦。
真相预警！
追求快速减肥，必将反弹！
减肥不反弹的唯一方法：
养成健康的生活方式。

不自律的结果。
全不能展示我的价值。"
己瘦了的样子。
动起来！

去感受食物给身体
带来的变化。

越坚持，越容易。
当一种习惯开始形成，
继续下去就会容易很多。

you eat. 你就是你吃的食物。
后问问自己：
欢它吗?"

有些人一辈子都没体验过真正的"健康"。
有些人一辈子都不知道自己究竟长什么样子。

The Life You Dream of Could Not Be A Dream

谁都可以拥有，
曾经不敢想象的人生

探访日本私人健身中心 RIZAP

Kira Chen | text
拉里 | edit
RIZAP | photo courtesy

幕田纯

RIZAP 私人健身中心总教练

RIZAP 私人健身中心网站：
https://www.rizap.jp/ （日本版）
http://rizap.com.cn/ （中国版）

"人，真的可以改变吗？"
"我，真的可以改变吗？"

我们每个人都不完美。性格上的不完美，可以"伪装"。面容上的不完美，可以"化妆"。而身材上的"不完美"，最难掩饰。

然而，什么才叫"完美"？你我都清楚，完美是不存在的。比起完美，"理想"更重要。

"理想身材"，或许可以理解为我们理想中自己的样子。它不单纯等于瘦或是细腰长腿，也未必等于八块腹肌，它是什么呢？它只不过是能让我们对着镜子露出自信笑容、每一天都比前一天更好一些的身材而已。

我们在追求理想身材的路上，追求的其实是"改变"。改变的不只是外在，更重要的是，改变那个不自信的自己，让自己相信，这一生，还可以有另一种活法。

日本东京就有这么一家健身中心，一直在做着"改变自己"的事。

这家私人健身中心名叫 RIZAP，2012 年 2 月创立，只用短短 6 年时间，就成为了轰动全日本的高端健身品牌，至今已在全世界拥有 126 家店铺，累计指导了超过 11 万人找到新的自己，去享受他们曾经甚至不敢想象的人生。

在 RIZAP 日本官网主页上，能看到不少惊人的减肥塑形案例，其中不乏日本当红明星和运动员，日本天团 SMAP 的香取慎吾、AKB48 的峰岸南也都曾为它发声代言。

这些案例中的人，有些曾因生活所迫，无暇顾及自己的期望与需求，也有人尝试过无数次减肥却从未成功。他们都经历过因为身材上的缺陷而陷入自卑、焦虑甚至抑郁的人生低谷，但也都因为加入了 RIZAP 的"改变阵营"，而最终突破自身局限，开始了新的人生。

在那些会员案例的前后对比照片里，身体线条上的变化固然显著，然而更引人注意的，是他们的目光和神情。曾经茫然无着的一张张面孔不见了，取而代之的是灼灼的眼神，与发自内心的开怀笑容。

即使只是为了能这样去笑，也值得加入这一场改变之旅吧。

"我们想证明，每个人都可以改变。"

RIZAP 的成功，其实不是偶然。他们有一套非常完善、科学且特别的训练体系，并为此配备了很有针对性的训练设备与专业团队。

比如成立至今，坚持全部进行"一对一"私教训练，且每位私人教练都会经历非常严格的筛选，面试合格率仅 3.2%，之后还要接受 142 小时的总部特别训练，才能成为精英私教队伍中的一员；比如会先充分了解客人的真正需求、对自己的期望和人生梦想，再选取与之适合的教练员；比如除了针对每位会员制定训练与饮食方案，也会定期提供心理辅导；比如每位会员在训练时都拥有独立健身间，而非多人共用健身空间；比如极为明确的塑形目标周期——2 个月；比如全程全员贯彻的低糖饮食方案。

这些方案，都不是一朝一夕想出来的，而是他们的团队在 6 年间和 11 万会员的接触与交流中不断总结和确立的。

"我们的终极目标，就是能让客人获得人生中最理想的身体与自信。"

世界上，每天都有人喊着"改变自己"的口号却无疾而终。我们很想知道，RIZAP 能让那么多的"不可能""不相信""不敢想"，变成现实的原因。

"我们想证明，
每个人都可以改变。"
"We wanna show you that everyone can change his life."
— R I Z A P

食帖 × 幕田纯

"我们总有一天可以超越自我，跃上人生的最高点。"

—— RIZAP

食帖 ◢ RIZAP 是哪一年创立的？ 这个名字有什么特殊的意义？

幕田纯 ◢ 随着人口老龄化以及高年龄层消费能力的增强，日本的民众也越来越重视身体健康，一度饱和的日本健身产业，近年来再度成长。RIZAP 就是在日本全民健身的热潮下诞生的。

2012 年，第一家 RIZAP 私人高端健身房成立了。虽然高端健身中心在日本并不少见，但 RIZAP 有别于传统的健身房，仅提供专属教练，并实行完全预约制；而且，所有健身训练都在独立的健身房进行。这种独特的风格让它在当年日本众多健身房品牌中脱颖而出，并让"一对一"健身这一理念席卷日本。

RIZAP 源自英语 Rise Up，意为从低潮中崛起。无论处于怎样的谷底，人的希望都是无限的，因此，我们总有一天可以超越自我，跃上人生的最高点。RIZAP 的标志由黑色与金色组成，寓意着无论现在处在怎样的黑暗中，未来都将闪耀起金色的希望之光。巨大的变化总会带来痛苦，我们不仅向人们传递面对苦难的勇气，还让他们立下更宏大的目标，并承诺在帮助每个人成功之前，绝不放弃。

"我们所追求的'理想身材'，是指突破自身局限的梦想中的身体。"

—— RIZAP

食帖 ◢ 你们不只帮助人们减肥，也很关注人们的各项健康指数，在塑身过程中，哪些指数是你们一定会关注的？在你们看来，什么是"理想身材"？

幕田纯 ◢ 我们的身体测量一般包括体重、体脂率、肌肉率、水分率、基础代谢率、内脏脂肪、身体平衡、体围（腰围、臀围、大腿围、小腿围、上臂围）等数据。因为只通过体重，

1	1. 位于日本东京的私人健身中心 RIZAP 店内
2	2. 3. RIZAP 只有私人教练，每位私人教练都
3	会经历非常严格的筛选过程

是无法判断一个人是否拥有理想体形或健康身体的。只有将上述测量结合起来，才能得到一个较为准确的身体状况分析。

RIZAP 追求的"理想身材"，是指突破自身局限的梦想中的身体。我们不仅仅希望客人拥有曾经因为害怕失败而放弃追求的完美曲线，还希望大家能因此重获掌控人生的自信，体会到超越极限后的自我认同感。

理想身材带来的应该是身心的双重享受，它是开启一段更加丰富的人生的起点。

加快燃烧体脂肪的效率，才能获得线条均匀、不易反弹的匀称身体。不仅如此，肌肉训练还能促进身体分泌各种塑形所需要的激素，增加肌肉率的同时还加快了新陈代谢。

○ 结合各项指数，准确分析客人的身体现状

食帖 ▲ 在你们的网站上看到你们说："不跑步也可以减肥！我们这里可没有跑步机。"
幕田纯 ▲ 这是我们特别的塑形方法中的一部分，并且要与低糖饮食法相结合。比起有氧运动，我们更优先无氧运动（负重训练／肌肉训练）。通过负重训练增加肌肉，

RIZAP 的私教负重训练

当然，有氧运动也可以有效地燃烧体脂肪，所以有条件的客人我们也会建议他们，在无氧运动的基础上加入有氧运动作为辅助。比如我们的场馆中除了各种力量训练器械之外，也提供动感单车等有氧训练设备。

食帖 ◢ 为什么在减肥时会遇到平台期？这时应该怎么办？

幕田纯 ◢ 平台期产生的原因是因人而异的。饮食、运动量、压力、睡眠质量等都属于会导致平台期产生的因素。我们的教练通常会先去充分了解每位客人的身体状态及生活习惯，并在参考 11 万人以上数据的基础上，有效、快速地分析出每个人出现平台期的不同原因，帮助大家预防或快速地渡过平台期。

具体措施的话，比如会更换训练内容、调整健康配餐，有时还会对会员进行积极心理辅导，来激励他们。

食帖 ◢ 在和这么多人的接触与了解过程中，你们认为现在的人们在减肥方式上还存在哪些常见误区？

幕田纯 ◢ 世界上有很多减肥塑形的方法，但是真正瘦下来的人却并不多。而无法变瘦的原因，我想并不是因为大家缺乏瘦身的相关知识，或是因为减肥方式存在误区，而是明知道各种各样的方法，却不能坚持。

缺乏毅力，只想短时间内快速瘦身，成为了减肥失败最重要的原因之一。因此我们的个人训练，不仅是为每位客人定制正确的塑形方式，更重要的是为他们提供心理上的支持。独自减肥时总是容易半途而废，但是有了私人教练每日的鼓励，大家更容易充满动力，一直坚持到目标达成。

"关键是新生活习惯的养成。"

—— RIZAP

食帖 ◢ 怎样看待一些流行减肥饮食法？
比如"哥本哈根饮食法""生酮饮食法""轻断食"等？

幕田纯 ◢ 近年来确实出现了各种各样的减肥饮食方式，但是我们认为比起体重的减轻，确保身体摄取均衡充足的营养，并进行适当的训练，才是更重要的。

而且一些对于短期减重很有效的饮食方法，长期看来不仅效果不佳，还会对身体造成伤害。从营养摄入、定期运动结合的视角入手，才有可能获得长期有效并健康的塑形成果。比如我们对会员实施的低糖饮食，是通过控制碳水化合物摄入量，增加高蛋白食物，增加饮食中的膳食纤维和水分，并以健身营养品作为辅助来达到的膳食平衡，并非简单的"低糖"。

食帖 ◢ 看到你们多次提到"低糖饮食"，为什么如此提倡"低糖饮食"？

幕田纯 ◢ 饮食与运动，就像是飞机的两翼，无论是哪边出了问题，都会破坏平衡。

我们认为"吃"对于获得"理想身材"是必不可少的方面；同时如果只注意吃而缺乏运动，最后的效果也会不尽如人意。

我们主张的低糖饮食，是指降低糖类（碳水化合物等）的摄取量，增加蛋白质的补充，并食用适量的优质脂肪，以保证身体正常运转，这是我们经过无数实验研究总结出的安全又有效的塑形饮食方法。它的原理就是控制能量产生的源头——糖类的摄入，使身体在运动时可以主动消耗体内囤积的脂肪，以达到塑形减脂的目的。

所以我们聘请的日本专业营养师在为每一位客人规划饮食方案时，也会提供每一种食材的含糖量，帮助他们自主选择更合适的食物。

食帖 ◢ 如何保证在课程结束后，会员们不会因为回归曾经不健康的生活方式而造成反弹呢？

幕田纯 ◢ 关键是新生活习惯的养成。理想身体的塑造完成一次后，为了可以长时间维持体形，需要经历一个较长时间的过程来养成新的生活习惯。如果因为塑形成功，就又恢复之前暴饮暴食、不规律的生活方式，那么肯定会反弹。不过，只要培养出良好的生活与饮食习惯，就能在吃自己喜欢的食物的同时也保持饮食均衡，轻松维持住努力训练后的成果。

1	RIZAP 的一对一指导，不仅会帮助客人制定
2	合理的饮食计划，还同时提供积极心理辅导，
	帮助客人度过平台期

"我们推荐的均衡饮食，基本上是以蛋白质类食物（鱼类、肉类）为主，加上副菜、汤和沙拉组成的三菜一汤。蛋白质以外的维生素、矿物质等营养素的摄取也十分重要，所以一日三餐的准备都不可以松懈。下面就和大家分享一组有助提高免疫力、促进增肌减脂的三菜一汤人气食谱。"

Molukhyia Ginger Egg Soup

例汤 帝王菜生姜蛋汤

Time | 5min   Serves | 2

Information （1 人份）	
含糖量	≥ 1.0 克
蛋白质	≥ 9.6 克
膳食纤维	≥ 3.2 克
脂肪	≥ 6.1 克
盐	≥ 0.4 克
热 量	≥ 108 大卡

食 材

帝王菜	50 克
生姜	1 片
鸡蛋	1 个
鸡精	9 克
酱油	6 克
水	500 毫升
盐	少许
白胡椒粉	少许

做 法

① 将帝王菜焯水后沥干、切碎。姜切细丝。

② 锅中盛水，烧开，然后放入姜丝、帝王菜及各种调味料。

③ 鸡蛋打散，边搅拌边将蛋液倒入锅中，关火。

免疫力UP
食材

モロヘイヤ・しょうが
○ 帝王菜・生姜 有助提升免疫力食材

モロヘイヤはよく刻んでネバネバを
しっかり出すことで、旨味も栄養もアップ！

モロヘイヤとしょうがのトロふわスープ

○ 帝王菜生姜蛋汤

将帝王菜细切碎，切
到呈黏糊状，才会风味
更鲜，营养更佳！

Ethnic Lemon Onion Fried Beef
主菜 异域风柠檬洋葱炒牛肉

Time | 15min   Serves | 2

Information（1 人份）

含糖量	≥ 4.4 克
蛋白质	≥ 16 克
膳食纤维	≥ 1.1 克
脂肪	≥ 12.5 克
盐	≥ 1.1 克
热 量	≥ 206 大卡

食 材

牛肉·····································150 克
大葱······································50 克
紫洋葱·····································30 克
鸭儿芹·····································20 克
柠檬······································1/2 个
小米椒······································1 个
盐 ·······································适量
黑胡椒·····································适量
橄榄油·····································12 克

调料 A

米酒·······································8 克
罗汉果代糖·································6 克
酱油······································18 克

做 法

① 牛肉切 4~5 厘米宽的薄片，均匀地撒上盐和黑胡椒，备用。

② 大葱斜切薄片，紫洋葱切薄片，鸭儿芹切 3~4 厘米长段。

③ 柠檬对半切开后，一半切角，另外一半取柠檬皮切碎，注意尽量不要使用柠檬皮白色的部分。小米椒切细圈。

④ 将调料 A 中的材料混合。

⑤ 在平底锅中加热橄榄油，放入牛肉炒至变色。

⑥ 加入紫洋葱、大葱，炒至蔬菜变软。

⑦ 加入 ④ 中调味料、鸭儿芹、小米椒，收汁后盛出。

⑧ 依据喜好加入柠檬汁调味。

Tips

将柠檬皮清洗干净后切碎，加入料理中，可以为菜品带来意想不到的风味。

いつもの牛もも肉が、
三つ葉とレモンでエスニック味に！

免疫力UP
食材

牛肉とレモンのエスニック風炒め

長ネギ・紫玉ネギ・レモン

○ 大葱・紫皮洋葱・柠檬 有助提升免疫力食材

○ 异域风柠檬洋葱炒牛肉

将普通的牛腿肉和鸭儿
芹、柠檬一起，炒出异
域风味！

Spinach Fried Tofu Caesar Salad

沙拉 菠菜油豆腐凯撒沙拉

Time | 10min   Serves | 2

Information（1 人份）

含糖量	≥ 2.7 克
蛋白质	≥ 6.6 克
膳食纤维	≥ 1.2 克
脂肪	≥ 12.5 克
盐	≥ 0.7 克
热 量	≥ 155 大卡

食 材

色拉用菠菜·······················40 克
色拉嫩叶·······················20 克
西兰花苗·······················10 克
樱桃萝卜·························2 个
日式油豆腐······················1/2 片
杏仁片···························2 克

沙拉调味汁

无糖酸奶·······················45 克
蛋黄酱·························18 克
米醋···························10 克
芝士粉··························6 克
蒜泥···························适量
盐····························少许
粗磨黑胡椒······················少许

做 法

① 将菠菜切成 6~7 厘米的长段，樱桃萝卜切薄片。用厨房纸巾吸去西蓝花苗的多余水分。

② 混合色拉调味汁中的所有调料。

③ 日式油豆腐切成 2 厘米小块，平底锅不需放油，放入油豆腐煎脆，同时放入杏仁片一同煎制金黄。

④ 将菠菜、色拉嫩叶、油豆腐、杏仁片和西蓝花苗放入碗中，倒入色拉调味汁拌匀。

Tips

① 使用的蔬菜，一定要将水分完全沥干，并用厨房纸吸去多余的水分。

② 日式油豆腐在使用之前，放到无油的平底锅中煎脆后，会更加美味。

③ 使用日式油豆腐代替凯撒色拉中原有的炸面包块，降低碳水化合物含量的同时还增加了蛋白质的摄入。

ほうれん草と油揚げのシーザーサラダ

糖質量が高い、パンのクルトンの替わりに
油揚げのクルトンで糖質量をダウン！

免疫力UP
食材　ほうれん草・ブロッコリースプラウト・ヨーグルト

○ 有助提升免疫力食材：菠菜・抱子甘蓝・酸奶

○ 菠菜油豆腐凯撒沙拉
　用油豆腐块替代高糖分的
　片面包块，就能让这一餐
　的含糖量降低一些！

Fried Dried Shrimps Tofu Nameko

配菜 海米豆腐炒滑菇

Time | 15min   Serves | 2

Information（1 人份）	
含糖量	≥ 2.6 克
蛋白质	≥ 5.9 克
膳食纤维	≥ 1.2 克
脂肪	≥ 2.6 克
盐	≥ 1 克
热 量	≥ 55 大卡

食 材

嫩豆腐·································100 克

海米·································6 克

大葱·································20 克

滑菇·································60 克

鸡精·································1 克

水·································50 毫升

老抽·································9 克

盐·································少许

黑胡椒粉·································少许

做 法

① 将海米放在 50 毫升的水中泡发。

② 将豆腐用厨房纸巾包裹后，放入盘子中，微波炉加热 1 分 30 秒，去除豆腐多余的水分。

③ 大葱斜切薄片，滑菇洗净后沥干水分。

④ 将豆腐以外的所有食材，包括泡发海米的水，都放入耐热容器中，盖上保鲜膜后在微波炉中加热两分钟。取出后趁热拌匀。

⑤ 将豆腐切成一口大的小块后摆放在盘子中，将 ④ 中准备好的蔬菜酱汁浇在豆腐上。

Tips

不需要使用淀粉勾芡，利用滑菇本身的黏液就可以使酱汁更加浓稠，也同时降低了糖分的摄入。

干しエビと豆腐のなめこあん

干しエビの風味豊かな、とろーり和風味

○ 海米豆腐炒滑菇

充满干虾仁的鲜美风味的
和风小菜

RIZAP 的健身小课堂

RIZAP 推荐的简单塑形动作

"为了达到塑形目的,使用大肌群来进行运动是十分有效的。基于以上食谱,我们推荐大家在家尝试'深蹲'及'背肌训练'两项运动。"

1. 深蹲是一项需要使用聚集了大部分肌肉的下半身的运动,一向有"减肥之王"之称。

2. 背肌运动则可以运用到上半身肌肉,还可以帮助大家矫正平常生活中不正确的体态。

这两项运动都依照每组 10 次,一天三组,每组之间间隔休息 1 分钟的频率进行。

○ 深蹲标准动作

深蹲 Squat

准备

① 双脚开立,微微大于肩宽,然后将脚尖向外转 15 度。收紧小腹,腰背挺直,微抬头。

② 双手平举,下蹲至 90 度左右,注意膝盖不要超过脚尖。这个要求是为了不让锻炼者过分依赖股四头肌和膝盖,同时充分调动其他肌肉群。

③ 保持腰背挺直,慢慢返回原位。

注意事项

① 挺直腰背,否则可能使脊椎产生损伤。

② 节奏要慢,让肌肉群得到充分刺激,和缓的动作有助于保护关节。

○ 深蹲准备动作 ①

○ 深蹲准备动作 ②
左为正确示范,右为错误示范

背肌运动—哑铃俯身划船
Dumbbell Bent-over Row

准备

① 双脚开立与肩同宽，膝盖弯曲，上身前倾，双手持哑铃自然下垂。

② 背后发力，上臂贴近身体向后拉起，使肘关节超过后背，然后慢慢返回。

注意事项

① 上身前倾角度不宜过大。

② 上拉哑铃时，上臂要紧贴身体。

③ 缓慢返回，继续刺激背部肌肉。

④ 上臂拉到最高点时，有意识地收紧背部效果更佳。

○ 背肌运动标准动作

RIZAP 的训练注意提示

Q： 肌肉训练有什么需要注意的地方吗?

A： 进行肌肉锻炼时最容易出现以下几种问题。

a. 训练时的姿势不正确
杂乱无章的姿势，无论做多少次都不会有效果。请学习正确的姿势和正确的动作，安全有效地进行训练。

b. 不清楚在锻炼哪个部位
不知道现在正在锻炼哪个部位，结果使用错误的肌群用力，造成锻炼无效，甚至肌肉损伤。

c. 用力不到位
对于肌肉训练来说，必须加以适当的负重，过重或过轻，都很难产生效果。

d. 频率太快或太慢
控制速度关系到负重的成效，太快或做太多次都会产生相反的作用，其实有些运动是需要慢慢地进行才有效果。

e. 单次训练时间过长
同一套动作持续 5 分钟以上是很危险的，这样做可能会拉伤关节和肌肉并产生疼痛感。锻炼后的休息时间也是至关重要的。

Be Yourself, Love Yourself.

自然 × 自由 × 自信 × 自己

张双双 | interview & text

南瓜子 | photo courtesy

南瓜子

现居北京，女，31 岁，自由艺术家。

蛋奶素食者，从饮食开始调节，让身体从亚健康的状态回归到健康的生活方式已经四年了。前两年一直是通过素食和少食的方式来达成瘦身，其间有间断性的运动期，但都没有坚持下来。开始有规律的健身，是在 2017 年 8 月 2 日以后，开始进行力量训练，去健身房"举铁"，每周至少三次，风雨无阻，到现在已经一年。这自我雕刻的四年，让她从最初的 140 斤变成现在的 96 斤。一年前还没健身时她的体脂率是 25%，体重 98 斤；健身一年后，现在体重维持在 96~98 斤，体脂率在 17%~18% 浮动。

○ 南瓜子是中国"80 后"最具代表性的插画师之一

两年前，在《早餐，真的太重要了》一书中，南瓜子分享了她的晨间习惯与生活方式。而两年后，当我们再次和南瓜子对话，却发现这两年对她来说，才是真正的转折与蜕变。

很多人最初认识南瓜子，是因为她的插画。她从 5 岁开始绘画，13 岁在绘画之路上获得殊荣，之后于四川美术学院主修动漫产品设计专业，至今在插画设计行业从业已达 17 年之久，是中国"80 后"最具代表性的插画师之一。

南瓜子的画作色彩鲜明、风格独特，有着强烈的个人色彩，在观念表达上崇尚自然能量，作品里也透露出对宇宙、世界、自然、生命的敬畏与热爱。而这一切都与她的生活理念息息相关。

2018 年 3 月，南瓜子在微博上写了一篇很长很长的文章，详细介绍了自己这两年关于减肥和健身的经历，很快就达到上万的转发量。

这一段塑造自我的过程并不顺利：从 140 斤到 100 斤，南瓜子用了三年的时间。她从 2014 年开始减肥，最初只知道要减脂肪，于是开始践行"蛋奶素"（一种可以食用蛋类、乳制品的素食方式），并加入了有氧训练。然而前后断断续续的两年时间，虽有成果，减掉的却大多是肌肉和水分。这时候的南瓜子还在坚信"好女不过百"，她更加严苛地控制饮食，结果不仅陷入了瓶颈期，还在 2016 年底经历了一场重感冒。这场突如其来的重感冒，彻底击垮了身体的免疫系统，使她在将近半年的时间里都陷入病痛。也就是从这时候开始，她逐渐意识到自己追求的到底是什么。

"我想要的只是好好吃饭、好好生活。"

经历了 2017 年上半年在国外周转的日子之后，2017 年 8 月南瓜子回国，正式开始了新一阶段的运动，并且决定要健康饮食，此时，她的目标也从单纯的减掉脂肪，变成了"改善饮食结构，增强体质，变得健康"。

首先是三个月的减脂期，因为合理的运动安排（周一、三、五私教课，周二、四、六自主有氧运动），第一个月的运动就让南瓜子体会到了运动的好处：经期不会痛经了。之后的两个月又感受到了皮肤变好、体重下降、体脂率下降、爱上"举铁"（指利用哑铃、杠铃等器械进行力量训练）等好处，但是同时她也意识到，好像太瘦不完全是件好事，为了能穿自己想穿的衣服，要开始下一步改变了：增肌。

三个月的增肌期，让南瓜子的线条变得越来越好看，虽然体重有所上涨，但是增加的都是肌肉，人看上去也更加健康有活力。不过这个时候南瓜子也在面临新的挑战：生活节奏被运动和想要增肌的欲望所打破，生活、家人、朋友都要为健身"让路"，这并不让人觉得快乐。

于是她又开始重新调整节奏，她既想要更加自由快乐的运动，又希望快乐不仅仅来源于运动。

她尝试回归生活，将健身变成生活的一部分，而并非全部，同时感受健身带来的各种好处：代谢变好，皮肤更加健康，痛经消失，抵抗力增强……家人也开始更加支持她、相信她，一切都在变得更好。

1 南瓜子正在进行肩部训练。图中训练重量在 2.5-5 千克之间，递减重量做 4 组

| 1 | 2 |

2 南瓜子自创了一个家居设计品牌，叫作"梅尔卡瓦"

关于女生进行健身增肌，一路走来的南瓜子给出的建议大多实用又贴心，最重要的是，它们解开了很多健身女孩的心结：

01. 不要害怕长肌肉：肌肉只会给你带来更多水分以及加快你的代谢，让你变成能多吃又不易胖的"瘦体质"，看起来瘦才是最重要的。

02. 减脂不需要太多有氧运动：控制好饮食和热量摄入，肌肉会帮助你代谢。

03. 如果是新手入门，最好请一位专业私人教练进行辅导，日后可以自主训练，关键是要从开始养成良好的健身习惯。

04. 多看书，多做功课，多动脑，可以购置一些健身器材或者就用身边最简单的物品，让自己随时随地动起来。

05. 尽量自己做饭，保证三大营养素（蛋白质、脂肪、碳水化合物）的均衡摄入，如果是健身，最好精确化每日摄入，不管是减脂还是增肌，都要以清淡饮食为主。

06. 每日健身遵循热身—无氧—有氧—拉伸的顺序，避免运动损伤。

心目中的理想身材

曾经我追求过"瘦即是美"，到后来因为节食代谢低下、抵抗力下降而住院，我开始思考：没有健康，何谈美？

然后我开始运动"举铁"，开始追求"强健之美"，直到后来因为低碳饮食和过量摄入蛋白质导致月经失调。我又开始思考，健身指标里都在追求的马甲线和翘臀，是不是真的适合每一个人？

现在，我每天依然在运动，但是不再极端饮食或者拼命运动，而是自由地吃喝，快乐地运动。当我经历了这些，追求对美的"我执"与"不执"之后，我才明白了，美是自然、自由、自信、自己。

1. 南瓜子在进行"哑铃推胸"训练，可以防止胸部下垂，初学者建议哑铃重量 2.5~5 公斤

2. 史密斯器械推举。初期使用小重量器械训练，将动作做标准，注意控制肌肉发力的位置和力度

Tag

- 插画师
- 设计师
- 摄影师
- 实验摇滚音乐人
- 素食者
- 健身达人

Before

After

1

2

1. 南瓜子和她自己设计的家居产品

2. 2014 年 8 月 137 斤的她和 2018 年 2 月 106 斤的她

INTERVIEW
食帖 × 南瓜子

"现在我不再计算每天需要吃多少蛋白质和应该摄入多少卡路里，而是少食多餐，饿了就吃，吃多了就去运动一下。"

—— 南瓜子

食帖▲现在，你每天的吃和练的状态大致是怎样的？

南瓜子▲关于吃，还是正常的蛋奶素，只是减少了油和盐的摄入。早餐基本以中高 GI 碳水为主，因为早上是人体最需要补充能量的时候。我会以燕麦、黑麦、全麦面包为主，搭配自己打的一杯能量蛋白粉果昔。中午会以豆腐、豆浆等豆制品、藜麦、黑米、蔬菜水果等食材为主。晚餐会尽量吃得简单，一个三明治或者一份沙拉，但在早、午餐之间我会加餐，比如水果、蛋白饼干和咖啡。现在我不再计算每天需要吃多少蛋白质和应该摄入多少卡路里，而是少食多餐，饿了就吃，吃多了就去运动一下。

关于练，保持每周三练，进行核心 XFit 训练，每次的运动在 1 小时以内，不再进行多余的有氧运动。我的运动场所也不再局限于健身房，一张瑜珈垫、一片草坪、一张公园的长凳、一段楼梯，都可以变成我的健身场所。

食帖▲你看起来意志力非常强大，似乎一旦下定决心就极其自律，这样的你在减肥健身过程中有没有过坚持不下去的时刻？

南瓜子▲每当我坚持不下去的时候，就是认为自己并没有在自我预设的时间里达到目标的时候。之前我会难过失望，甚至产生抑郁情绪。现在我明白了，没有期望就没有失望。我们不需要去坚持，而是去坚信。坚持是需要去克服很多苦难，而坚信是你明白当你坚信你所选择的这条路，无论你是站着跑着还是趴着，都是以不同的角度去经历途上的风景，但你仍然还是在这条路上，即使原地不动也是前进，你不会偏离你的方向。

食帖▲看到你在微博文章里说过，曾经有一个月的时间里脑子里只有健身，希望更快地增肌，于是推掉所有美食、

聚会和娱乐，疏远了朋友与爱人。现在呢，朋友聚会或参加活动等外食场合，是否也会控制饮食？

南瓜子▲我热爱我的生活。我的生活不应该只有我所做的事，还有我爱的人和爱我的人。如果我的生活缺少了他们，就不是圆满的生活。所以，我不再疏远朋友与爱人，适当的聚会外食我也会参加，因为我知道，运动不是一朝一夕，而是一种持续的过程体验。即使有一天我外食吃多了，我也不再责怪自己，第二天去运动消耗掉就好了。自律并不意味着自由，自由是选择，是可以去选择自律或不自律，即使你能把控你的体脂率，你也不一定能把握你的未来。享受当下，自然而然，是最重要的。

○ 日常饮食上南瓜子尽可能自己做饭，控制热量摄入，饮食注意清淡

○ 火龙果能量奶昔

○ 豆腐沙拉碗，直接食用或水煮均可

○ 藜麦豆腐沙拉碗，豆腐经过煎制，藜麦被作为主食

> **"素食让我不再好强，**
> **而是像植物那样温柔地坚强。"**
> ——南瓜子

食帖 ◢ 蛋奶素食的饮食方式你已坚持了几年时间，你觉得它带给你最大的改变是什么？

南瓜子 ◢ 素食让我越来越接近真实的自己，拥有同理心，明白"和而不同"。我们活着，选择不同的事物去体验、经历、感受，然后所有的一切都变成了此刻的你，一个比上一刻更完整的你，素食于我的感受就是变成更好的自己，成为更好的人。

我的家人以及周围熟悉我的朋友们，都非常惊叹我这几年的变化。人们都说相由心生，吃素的这几年我的外貌身材变好了，但外在的美丽还是因内心的慈爱。我的内心充满了爱，越来越有同理心，能够站在他人的角度思考，尊重理解不同的事物，热爱自己与自己所处的这个世界。接受自己本来的样子，无条件地去爱，去分享，去感受，感激并尊重所有的生灵，这就是我从素食里领悟到的生活哲理。

而这样的哲理让我不再好强，而是像植物那样温柔地坚强。所有人都可以尝试素食，在懂得合理膳食搭配的前提下，素食能让我们拥有同理心与怜悯心，不去轻易评判他人，尊重所有生命的选择，明白世界的多样性，成为更好的自己。

食帖 ◢ 从你创建、设计的"梅尔卡瓦灵性家居"，到你日常会分享的一些关于灵性的文章，你认为的"灵性"是怎样的？

南瓜子 ◢ 灵性来自我们每个人的内心，你生命当中的感悟，你的灵感，你与内在自我、他人、世界、自然的沟通。

呼吸，是最好的心灵训练。我们生命当中最容易被忽略但最不可或缺的就是呼吸，在一呼一吸当中，你能把外在的能量与内在的能量融合，更好地与宇宙能量连接。呼吸是我们这个地球生命存在的基础，学习呼吸，就是学习生而为人的根本。灵性存在于我们所有人的"身心灵"的经历当中，在"身"而为人的经历里，用"心"去体验，才能感悟到生活的"灵"感。

食帖 ◢ 在筹备个人品牌、准备素食书、乐队演出等工作和健身之间周转，会不会觉得力不从心？

南瓜子 ◢ 完全不会，最力不从心的时候就是觉得如果自己会分身术就好了，这样我还可以尝试更多有趣的事情。这些事情都是有阶段性的，完成了一个阶段我就会进行下一件事情，而在下一件事情的进行当中，之前的事情也不会停止。

最重要的是，我热爱我现在所做的事，我的每一个决定都是发自内心的热爱，或者让自己去尝试找到自己的热爱，因为我不觉得当你停止了你正热衷的事物就代表了放弃。我会给现阶段热衷的事物一个目标，但相较于完成这个目标，我更感兴趣我在其间所经历的感悟。

南瓜子推荐的日常生活小习惯

"睡觉，拥有稳定的睡眠作息，是一切的基本。"

○ 南瓜子和她设计的家居用品。"梅尔卡瓦"家居品牌的灵感，来源于她对灵性的理解

无论何时都要记得爱自己

早餐 BREAKFAST

Power Nuts Milk
能量坚果奶

非常简单的一款能量饮料，但却好喝到让人惊叹。淡淡的豆香配合浓郁的坚果和燕麦，一杯下肚，你已经拥有了植物蛋白的所有能量，健身早餐必备。食谱里用的是核桃，也可以替换成其他各种坚果：扁桃仁、腰果、开心果、南瓜子、松子等，喜欢吃甜的朋友还可以加入蔓越莓、葡萄干等果干。

食 材

核桃··································8 颗
豆奶·····························200 毫升
蜂蜜／枫糖浆（可选）···········1 汤匙（约 20 毫升）
椰子片·····························10 克
即食燕麦·····························30 克

做 法

准备好所有食材，全部放进料理搅拌机里，打开坚果模式或破壁模式，高速搅拌 30 秒后装杯完成。

Tips

· 喜欢甜的就加蜂蜜，换成枫糖浆或甜菊糖等也是可以的。
· 椰子片没有的话可以用椰蓉或者 20 毫升椰浆代替。
· 豆奶可以替换成椰奶，因为是全素的饮品所以不建议使用牛奶，但蛋奶素食者可以使用牛奶。我个人觉得豆奶的味道跟坚果搭配在一起比较清新顺口，喝完没有很腻的感觉。想更健康的话还可以自制豆浆，按这个比例可以打更多，打好后夏日冰镇或冬日热一热再喝都是非常好的。

午餐 LUNCH

Japanese Tofu Bowl
日式豆腐和风碗

食 材

豆腐·····································一盒（约 380 克）

白皮洋葱·································一颗（约 180 克）

黑米饭·····································1 碗（约 80 克）

姜··································大拇指一半的大小（约 10 克）

蒜···································四瓣（约 30 克）

生抽··································3 汤匙（约 30 毫升）

料酒··································3 汤匙（约 30 毫升）

蜂蜜／枫糖浆·····························1 汤匙（约 10 毫升）

老抽··································半茶匙（约 10 毫升）

盐·····································适量

橄榄油···································适量

做 法

① 将豆腐切成 2 厘米厚的块状或厚片，洋葱对半切条，姜蒜切成碎末。

② 调制照烧酱，在一个碗里倒入生抽、料酒、蜂蜜／枫糖浆、老抽混合搅拌均匀。基本按 3：3：1：1/2 这个比例酌情来调好。

③ 平底锅内放入适量橄榄油，待油七成热以后转中小火，放入豆腐，撒一些盐在表面，每面煎制大约 2~3 分钟，至豆腐表面变成金黄色捞出。

④ 另起锅，待锅热后放冷油，一小勺橄榄油就好。之后先放入蒜末、姜末略爆香，再放入洋葱条，过程当中不断翻动洋葱条，炒个一两分钟至洋葱出香味，注意：一定不要把洋葱在此步骤炒得太软。

⑤ 在装有洋葱的锅里倒入事先调制好的照烧酱，烧制过程中我会加小半碗水，因为我喜欢吃汤汁多的盖浇饭，此处可以尝一下味道，根据个人喜好可以酌情加酱油、盐或糖。

⑥ 等锅内的照烧酱汁烧开后，放入之前煎制好的豆腐（不喜欢煎的可以在此步骤直接放切好的豆腐）等所有食材，烧开后转小火，一直烧至汁变得浓稠，收汁起锅就完成啦！喜好汤汁多的可以不用收汁。

⑦ 煮好黑米，盛好米饭，把豆腐与汤汁一起浇在饭上，再撒一些黑白芝麻或海苔丝，完美！

晚餐 DINNER

Avocado Salad
鳄梨沙拉

鳄梨是经典的减脂健身标配，作为沙拉来食用也是很经典的，但大部分鳄梨沙拉的食谱我总看见会有芒果、香蕉混合在一起并配上沙拉酱或蛋黄酱，不仅不健康，还让我觉得浪费食材。沙拉的重点在于色彩和食材的搭配，有主次有层次，适当的瓜果配以新鲜蔬菜，用简单的以橄榄油为主的沙拉汁就能把食材本身的味道提炼出来。鳄梨本身的味道已经很复杂丰富了，请千万不要再画蛇添足。

食材

鳄梨·····························1 个（约 180 克）
罗马番茄·························1 个（约 180 克）
红黄甜椒·······················（各半个）150 克
苦菊·······························80 克
生菜·······························100 克
橄榄油·······················1 汤匙（约 15 毫升）
柠檬汁·······························15 毫升
生抽·······················1/2 汤匙（约 10 毫升）
现磨黑胡椒粉···························适量

做法

① 取一个八九分熟的鳄梨，对半切开，左右扭一下分开果核，果肉切块取出备用；将罗马番茄洗净，划一个"米"字，切成 8 小块；红、黄甜椒洗净，各自对半切开，各取一半去籽，然后切成甜椒丁。
② 生菜与苦菊洗净沥干水，撕成方便入口的小片，取一个小盆，把叶子都放在盆里，撒适量海盐和 10 毫升柠檬汁，把食材摇晃均匀。
③ 把生菜与苦菊均匀地码在盛沙拉的盘子里，然后依次铺上切好的番茄块，红黄彩椒丁，最后铺上鳄梨粒。
④ 取一个佐料小盘子，倒入一勺橄榄油、半勺生抽，挤入 5 毫升柠檬汁，撒一些黑胡椒粉搅拌均匀，用勺子将沙拉汁均匀地淋在沙拉顶部，完成。

Live Like A Hero With Healthy Food.

美食穿肠而过，英雄永存于心

张双双 | interview & text
MC 拳王 | photo courtesy

PROFILE

MC 拳王

现居成都，男，33 岁，金融工作者。
从大二开始健身，到现在已有 14 年了，打
拳断断续续，不好计算时间。目前的独居
状态已经持续了四五年，身高自 19 岁后就
没变过，体重、体脂率在 2014 年后波动很
小，基本维持在 73 公斤、14% 左右。

第一次在网络世界和拳王单方面认识，是因为 2015 年的一条爆款微博，他在文案里只说这是几篇菜谱：如何才能做出地道的毛氏红烧肉；如何才能在成都吃到最"伟大"的羊腰子以及冚家铲黄金炒饭。原本以为只是简单的食谱而已，没想到打开排得满满当当的微博长图，就被严肃又戏谑的文字风格所吸引，怎么也停不下来。

2016 年，拳王的书《英雄的食材和神做法》面市，被粉丝称为"魔幻主义严肃食谱创始人"的拳王却在书的序言中坦白，他从来不是真正意义上的吃货，他更在意的是食物背后的故事。

食物背后的故事，或许对于拳王来说，这其中"孤独"因子占了大部分。2012 年留学利物浦的他，开始在博客上发布食谱，食物在拳王这里与其说是生命的基础，倒不如说是情感的载体。也正是因为这样，拳王作为一名学习信息技术和金融学的理科生，才能将美食、记忆、地域、年代和"程序正义"杂糅在一起，就像他自己说的那样：孤独的人才会去关心人类和宇宙的命运。

不过，当你真的开始关注拳王的生活日常，你会发现，除了"美食"与"写作"，他的生活里还有两个不容忽视的关键词："运动"与"健身"。

的确，在此之前拳王的各种标签似乎都很惹眼：拳王奶奶的四叔，就是巴金先生，是真正的家学渊源；从最早的人人网到之后的博客，再到现在的微博，拳王在社交平台上更新的每一篇新食谱几乎都能迅速成为热门，并且签约了张嘉佳的影视公司；文字充满接地气的江湖气息，放肆洒脱但逻辑又严丝合缝，是名副其实的"拳技精湛、厨艺传神、文采风流的严肃料理作家"。

可他却一直从事着和文学毫不沾边的工作，大二之后的14 年里也从未放弃过健身。

文人，也不见得就是传统的孱弱形象。

当年那句看起来好像是作者用来剖白的说法"我从来不是真正意义上的吃货"，其实是拳王的真心话，他更在意的是食物背后的故事。

原来拳王真的很不一样。

心目中的理想身材

格斗运动员那样的身材。

————

1 | 2

1. 拳王经常在家利用哑铃进行训练
2. 时间充裕的情况下，他也会前往健身房训练

食帖 × 拳王

"至于酒,这确实是我无法抗拒的,否则我的体脂率一定在 10% 以下了。"

——MC 拳王

食帖◢你的笔名叫"拳王",是因为喜欢打拳?

拳王◢我确实喜欢打拳,不过起笔名"拳王"是因为我喜爱的漫画人物"拳王拉欧"(北斗神拳主角之一)。除了打拳之外,我踢过很多年足球,是短跑三级运动员,平时在健身房做力量训练。

食帖◢最初关注你是因为你写的美食故事,你觉得自己对"吃"的热爱和健身有没有冲突?你是如何理解"健康饮食"的?

拳王◢当然会发生冲突,所以我的选择是牺牲吃。毕竟人类的漫长进化史决定了骨子里对高热量食物的偏爱,这是一种奖励机制。而我大多数时候都吃沙拉和粗粮,这和生物本能背道而驰。我理解的健康饮食就是只看营养,不问味道。至于酒,这确实是我无法抗拒的,否则我的体脂率一定在 10% 以下了。

食帖◢在运动健身、饮食上是否走过什么弯路?

拳王◢唯一的弯路就是年轻时老是受伤,给现在落下很多后遗症。不注重体态、不重视热身和拉伸,这就是我从中得到的教训。疼痛和伤病会逼着你做出自我调整的。

食帖◢有没有什么曾经很爱,但为了健身彻底放弃的食物?

拳王◢没有完全放弃的,只有很少吃的,比如我喜欢吃烤肉,尤其各种羊肉和羊内脏,现在基本上一个月都碰不了一次。这样算来,我如果还能再活 50 年,那也就剩下不到 600 次吃羊腰子的机会,伤感。

"如果吃多了,那就练回来,我们搞金融的深谙'对冲'这个概念。"

——MC 拳王

● 工作中的拳王

食帖◢看到你经常出差或旅行,外出时会不会控制饮食?

拳王◢外出时比较难控制饮食,因为同事们一起吃饭,我总不能单独点个沙拉吧,不合群。所以外出时尽量选择有健身房的酒店,如果吃多了,那就练回来,我们搞金融的深谙"对冲"这个概念。

食帖◢能否分享一下现在一天的作息安排?

拳王◢工作日的话,一般是 7 点半起床,8 点半到单位早餐,上午 11 点半午餐,中午 1 个小时午休时间,17 点半之前下班,19 点左右健身,20 点晚餐,24 点上床准备睡觉。

食帖◢这些坚持，给你带来的最大改变是什么？
拳王◢没有什么改变，只是为了维持不变。

"没有什么改变，只是为了维持不变。"

原本想要和拳王讨教几个健身食谱，没想到拳王却说他的日常饮食是以外卖为主，但是转念一想，即使点外卖，也依旧可以遵循不变的日常饮食原则：低油低糖、少主食、多蛋白质、多蔬菜。

即使拳王曾经说过"人类有三项能力是人工智能永远也战胜不了的：爱一个人、写一首诗、做一道菜"，但这也不妨碍他将健身看得比吃饭更加重要，14 年日复一日的坚持，从未因为工作忙碌或者瓶颈期而放弃，这其中的变与不变，似乎不仅仅是坚持那么简单。

或许，"孤独才是真正的 unbeatable（不可战胜的）"。

拳王推荐的简单健身建议

"可以在家里准备哑铃、跳绳、弹力带，随时可以在家运动。"

拳王推荐的日常生活小习惯

"少坐电梯，多爬楼。少坐车，多走路。"

● 在健身房训练中的拳王

早 餐　燕麦片 + 脱脂牛奶，三个鸡蛋（去掉一个蛋黄）

BREAKFAST

午 餐　鸡胸肉 + 蔬菜沙拉

LUNCH

晚 餐　橄榄油煎牛排 + 蔬菜沙拉

DINNER

Make Peace With Food To Find The Balance Of Life

与食物和解，
才能找到生活的平衡点

孙昌慧 | interview & text
墨菲 | photo courtesy

墨菲

29岁，女，长居上海，自由职业的半全职妈妈。

有关于早餐、减脂餐的食谱并不少，她的分享却更有"故事性"。第一次看到与墨菲有关的信息，是她在健身平台分享的减脂便当。你可以用小清新来形容这些便当，而这些精心准备的食材背后，却是一个女孩努力追求健康生活的缩影。

像很多女孩一样，曾经的她也爱喝下午茶，以为减肥就是少吃点。殊不知，隐藏在各类食物中的热量依旧能让人发胖。自从走上了减脂健身道路，墨菲发现做饭是一件很有乐趣的事情，同时也将正确的饮食观念身体力行，让爱好与工作完美结合，建立起属于自己的生活圈。

自制美食、探店分享、旅行攻略、人生感悟，这些内容都是墨菲的生活构成，积极向上的状态需要不断充实自己来提供燃料。毕竟，没有哪一种生活方式是不需要经营的，墨菲说："只要确定这是自己想要的，便全力以赴吧。"

- 法学硕士，已通过国家司法考试
- 美食博主，运营着个人微信公众号"ifmo+"
- 法国蓝带高级料理毕业生
- SCA 浓缩咖啡中级技艺师
- 摄影爱好者
- 健身达人，正在备考美国运动协会 ACE
  （American Council on Exercise）教练资格证

心目中的理想身材

不是一味追求窈窕纤细的"完美"，而是有着紧致线条、肌肤透亮的健康状态，整个人散发着自信且神采奕奕。

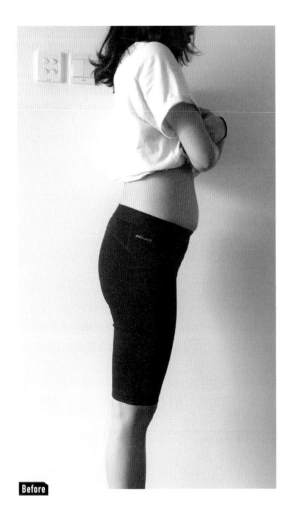

Before

After

1. 墨菲产后的身材状况，此时体脂率为 27%

2. 经过一年的锻炼，墨菲的身材恢复得比产前更加紧实纤瘦，目前体脂率维持在 18% 左右

食帖 × 墨菲

"更好地认识自己的身体，更好地帮助自己训练。"

——墨菲

食帖 ▲ 作为一个斜杠青年，你的"典型的一天"是怎样度过的？

墨菲 ▲ 生活总是有张有弛，每个阶段的重心都不一样，最近主要是学习美国运动协会 ACE 的教练课程。所以近期的一天是这样的：

6:30 ~ 8:00 起床、洗漱，准备早午餐便当，拍摄记录一下然后享用早餐
8:00 ~ 12:00 外出上课，处理一些琐碎的工作
12:00 ~ 13:00 午休时间一般会去健身
13:00 ~ 13:30 午餐时间
14:00 ~ 16:30 继续上课，处理其他工作
16:30 ~ 17:00 接孩子放学，亲子时间
17:30 ~ 18:30 准备晚餐，和家人一起享用
19:00 ~ 24:00 做一些其他事情，尽量在 0 点之前洗漱睡觉。

我一般会在晚餐后散步到超市买菜，然后收拾一下家里，准备第二天需要用到的食材。如果中午没有运动，也会利用晚上的时间补足运动量。此外，晚上的时间主要是用于写公众号文章或学习网络课程（上课时间基本都在晚上）。

食帖 ▲ 从"小白"到健身爱好者，你经历了哪些不同的阶段？

墨菲 ▲ 原先处于被动接受健身知识的状态，后来参加了网上的减脂营课程，每天跟着课程内容一起运动，把完成当天的教程当作激励自己的小目标。渐渐地，我开始体会到健身带来的身心变化，这才迷上了健身。我开始主动研究健身理论知识，在训练时用心体会每个动作的发力肌群引起的感觉。尝到甜头之后，会想要了解更多适合自己的理论知识，这也是我现在去学 ACE 的原因——更好地认识自己的身体，更好地帮助自己训练。这是一个从被动到主动的过程。

○ 通过倒立支撑，可以训练自身的核心稳定性

食帖 ▲ 在健身过程中是否感到过痛苦？

墨菲 ▲ 人都是有惰性的，运动过程中肯定会有觉得痛苦的时候，不过只要说服自己行动起来，健身过后都会感到神清气爽、舒服畅快。现在的健身状态很稳定，也算是达到了自己的预期效果。我觉得人生最幸福的事情莫过于活在当下并心满意足，即使想要变得更好也不冲突。

○ 在反重力的情况下练习空中瑜伽，更具难度和挑
战性，对肌肉力量的要求也更高，开肩体式可令
脊柱延伸开来，帮助身体更好地伸展

食帖 ⏢ **你曾在产后参加减脂训练营并成为"明星学员"，
这段经历对你来说意味着什么？**

墨菲 ⏢ 参加减脂营课程，应该说是为我打开了一扇大
门——原来减脂并不需要挨饿。我也没想到，走进这扇
大门后会越走越远，对健康饮食和规律运动产生了极大
的兴趣。

○ 倒挂的开髋体式，利用重力延伸脊柱，
可让血液回流至头部

"你会发现最终瘦身成功的人，都很少挨饿。"

—— 墨菲

食帖 ⏢ **你会尝试比较流行的减肥饮食法吗？**

墨菲 ⏢ 现下比较流行的减肥饮食法，我都有了解一些，
比如低碳、哥本哈根、生酮、轻断食、过午不食等方法。
我觉得任何一种投机取巧、急功近利或严谨苛刻的减脂
饮食方法，都不是长久之计。虽然也有少数人通过某种
极端方式降低了体重，但我认为还是可以选择更友好的
方式。我自己尝试过低碳饮食法，主食基本只摄入粗粮，
但只维持了一段短暂的时间，若长期下去很容易造成营
养不均衡的状况，至少它并不适合我。

食帖 ▲你对"如何健康地吃"是怎么理解的?

墨菲 ▲合理健康的饮食结构绝不是"吃少",而是"吃对"。你会发现最终瘦身成功的人,都很少挨饿。如果把"吃"这件事安排得太机械、太苛刻,强制性地套用公式量化每一餐的热量,抑制自己想吃某种食物的欲望,不仅难以吃得开心,还会增添不必要的心理负担。因为你与食物站在了对立面,难以维持长久的对抗状态,而且极易引发报复性的暴饮暴食,最终适得其反。

对我来说,学会如何在日常三餐中调节和平衡饮食结构,摸索出适合自己的饮食方式,才是更值得提倡的。尽量选择未经加工的天然应季食材,通过合理的烹饪方式,均衡搭配各类营养素,在可控的范围内让自己吃得开心,与食物和解,才是我眼中的健康饮食方式。

食帖 ▲在健身过程中,有没有哪些不吃的食物或戒掉的饮食习惯?

墨菲 ▲我现在基本不摄入精制糖,因为摄入太多经过加工的糖,不仅容易让身体储存多余脂肪,还会造成其他健康隐患,也提供不了真正的营养元素。所以,我不喝甜味饮料,不吃甜品、蛋糕、冰激凌及各种袋装零食,而是从谷物、水果、奶制品等食物中摄取更为健康的天然糖分。另外,我也不吃油炸类食品。

食帖 ▲有没有让减脂餐更好吃的小技巧?

墨菲 ▲

1. 注重食材的均衡搭配,别总是吃鸡胸肉、西蓝花,尝试不同的食材搭配可以降低你对减脂餐的抗拒心理。
2. 使用多种烹饪技法,除了水煮,还有蒸、烤、低温慢煮、少量油煎等方式。比如说用少量的油制作减脂餐并不会增加太多热量,但是口感会比水煮好太多!
3. 巧用调味料,减脂餐虽然需要少油少盐,但不妨碍我们使用各种天然香料来增加食物的风味,不仅减少了味觉对于油盐的需求,还能保证食物的风味。

这些方法并不需要精准的计算公式,想办法让自己吃得既健康又开心就好,坚持一段时间以后,你会发现身体变得更轻盈了,丝毫不会有"油腻感",皮肤状态也因此变得更好。

食帖 ▲推荐几个不去健身房也可以练习的简单动作吧!

墨菲 ▲如果不去健身房,我会在家用一些健身应用程序做徒手训练,你可以根据自己的需求选择运动项目进行锻炼,比如"马甲线练成"和"高效减脂",我经常做

的动作是: Burpees 跳、深蹲、箭步蹲、平板支撑、卷腹、俯卧撑。

食帖 ▲平时还有哪些小习惯,你觉得有助于塑造理想身材?

墨菲 ▲比如,吃完饭不会马上坐下;3 公里内的距离尽量步行;早起先空腹喝 600 毫升温水;放慢进食速度,多次咀嚼再吞咽;养成规律的作息习惯,早起必须吃早餐;购买食物时会查看包装上的营养成分表,了解食物营养成分等。

> "健身、减肥、减脂餐都不可能是我们生活中唯一重要的事情。"
>
> —— 墨菲

食帖 ▲关于健身和饮食的生活方式,你如何看待?

墨菲 ▲规律的健身习惯,健康的饮食方式,就是我现在的生活状态,已经不是为了减脂这么简单。健身、减肥、减脂餐都不可能是我们生活中唯一重要的事情,我们要做的是将它们合理地融入日常生活中,达到一种平衡。

特别是在饮食上,不要盲目地戒掉一切精制碳水化合物,或是滴油不沾,也不要过度苛刻自己,只有根据自身情况适时调整,才能更好地享受生活。没有办法长久维持的状态不能称之为生活方式。我也不建议盲目跟风某种生活方式,我们只需要用自己觉得舒服的方式,吃健康营养的食物,过自律有序的生活,做真实快乐的自己。

而且在健身这件事上,我们要懂得延迟满足感。跑步或健身的效果,往往要以"年"为单位去测量,不仅仅是健身,生活中的很多事情都可以通过延迟满足感来缓解压力和急躁的心态,在这种情况下你不会轻易言弃,而是把更多注意力用在体会过程的细节里。

食帖 ▲曾因为美食博主这个身份而遭到质疑和揣测,你又是如何调节心态的呢?

墨菲 ▲因为每天用照片记录早餐,会让有些人觉得做作;因为常常分享探店讯息或者外出旅行,会被有些人认为"有钱又闲"。我觉得人不可能做到让所有人都认可你、喜欢你,我们也不可能要求别人按照自己的意志去生活。人与人之间,求同存异即可。听到质疑的声音也正常不过,我始终相信越努力越幸运,提醒自己每一个当下都应该全力以赴。健康快乐,坚持记录与分享,足矣。

Monday 周一

Time | 1h   Serves | 1

Information

蛋白质	31.4 克
脂 肪	25.4 克
碳水化合物	43.7 克
膳食纤维	7.3 克
热 量	543.7 大卡

食 材

牛肉	80 克
鸡蛋	1 个
蘑菇	40 克
芦笋	100 克
番茄	110 克
橄榄油	少量
藜麦	10 克
玉米	5 克
紫薯	150 克
椰蓉	适量

做 法

① 紫薯蒸熟去皮，用勺子捣成泥（如果紫薯太干，可以适当加点牛奶再捣成泥），裹上一层椰蓉。

② 番茄用刀划十字，放入冷水中煮沸，去皮切小块。鸡蛋打散加入少许料酒和盐，热锅放少量橄榄油，加入鸡蛋快速翻炒均匀后盛出。同锅再加入少许油，倒入番茄炒软出汁，再倒入鸡蛋翻炒均匀，调味出锅。

③ 藜麦淘洗干净后沸水煮 15 分钟，待藜麦变成透明状，加入玉米粒再煮一下，然后沥干水分，加入少许盐调味，备用。

④ 牛肉入锅前先撒上盐和胡椒进行调味。平底锅加热，可放少量油也可无油，大火加热后放入牛肉，高温可以快速锁住牛肉的汁水，在牛肉表面形成一层脆壳层，翻面煎出脆壳层。两面都形成脆壳层后，改小火慢慢煎至你想要的熟成度。煎完牛肉以后不要马上切，要留给牛肉静置松弛的时间，内部温度也会持续升高 2°C~3°C 并流出汁水，使肉质得到松弛而变嫩。静置过后再切条摆盘。

⑤ 芦笋洗净，掰掉尾巴老掉的部分，切段备用；蘑菇洗净切片。热锅放少量橄榄油，倒入芦笋和蘑菇翻炒至熟，撒盐调味即可出锅。

Tuesday 周二

Time | 1h   Serves | 1

Information

蛋白质	15.7 克
脂 肪	23.7 克
碳水化合物	51.8 克
膳食纤维	3.5 克
热 量	490.5 大卡

食 材

龙利鱼	110 克
老豆腐	40 克
番茄	150 克
胡萝卜	30 克
黄瓜	30 克
橄榄油	少量
奶酪粒	少许
芝麻油	少许
白米燕麦	40 克
紫薯	50 克
猕猴桃	一个
蓝莓	适量

做 法

①龙利鱼解冻，用厨房纸巾擦干，切成 1.5 厘米的小块，加橄榄油、黑胡椒、姜丝腌 15 分钟。15 分钟后，放入沸水中烫熟，捞出。番茄划十字，放入冷水中煮沸，去皮切丁。锅热后倒入少许橄榄油，放入切好的番茄，中火不断翻炒。炒出番茄汁后加半碗水，煮开后下熟龙利鱼肉块、老豆腐，大火煮开后加少许盐。最后小火收汁，出锅。

②白米、燕麦米隔夜泡发，紫薯去皮切丁，第二天与米饭一起加入适量水上锅蒸熟。

③胡萝卜、黄瓜洗干净切丝，加入蒜末、生抽、醋和少量芝麻油拌匀。

④猕猴桃去皮切片和蓝莓、奶酪粒一起摆盘。

Wednesday 周三

Time | 1h　Serves | 1

Information	
蛋白质	36.5 克
脂 肪	21.9 克
碳水化合物	64.1 克
膳食纤维	5.06 克
热 量	612.1 大卡

食 材

牛肉··························	80 克
豆干··························	60 克
金针菇·······················	50 克
秋葵··························	2 根
香菇··························	20 克
芦笋··························	120 克
圣女果·······················	2 颗
葵花籽油·····················	少许
白芝麻·······················	少许
红豆··························	少许
红米··························	45 克
蓝莓··························	适量
青提··························	2 颗

做 法

① 将牛肩肉去筋去肥油，切成薄片。准备好料理纸将切薄的牛肩肉用刀背拍扁、打薄。（这样薄片会变得更大，筋也会打断，口感会变得更嫩）。牛肉片撒上盐和黑胡椒调味。金针菇和秋葵洗净后去掉一些根部，汆水后沥干水分。将沥干水分的金针菇铺在调过味的牛肉片上，然后卷起来。平底锅加热，涂上一层葵花籽油。将卷好的牛肉卷放入锅里煎，加少许细盐和酱油煎熟即可。最后搭配秋葵和白芝麻摆盘。

② 香菇用刀在背部雕刻花朵形状，洗净、沥干水分，与牛肉同锅煎熟。

③ 红豆和红米隔夜泡水，第二天加入适量水蒸熟即可，也可用电饭煲预约烹饪。

④ 芦笋洗净掰掉根部老掉的部分、切段备用；豆干切条备用。热锅放少量葵花籽油，倒入芦笋翻炒至熟，加入豆干稍微翻炒，撒盐调味出锅即可。

⑤ 最后用青提、蓝莓、圣女果摆盘。

Thursday 周四

Time | 1h   Serves | 1

Information

蛋白质	37.9 克
脂　肪	17.2 克
碳水化合物	44.3 克
膳食纤维	2.3 克
热　量	490.5 大卡

食　材

带子	90 克
豆干	60 克
鱼肉肠	3 片
番茄	150 克
胡萝卜	20 克
黄瓜	20 克
手指胡萝卜	2 根
青椒	30 克
橄榄油	少量
帕玛森芝士粉	适量
乌冬面	90 克

做　法

① 黄瓜、胡萝卜洗净切丝备用；鱼肉肠切片，汆水备用；乌冬面沸水煮 2 分钟，捞起过凉水后备用。将准备好的黄瓜丝、胡萝卜丝、鱼肉肠片，和乌冬面混合，加入大蒜末、生姜末、酱油、醋，拌匀即可。凉面口感非常凉爽，适合夏天。

② 热平底锅加入少量橄榄油，将提前用少量盐腌制的带子煎熟，同锅将去皮切半的手指胡萝卜煎熟，撒上盐和黑胡椒调味，最后再撒适量帕玛森芝士粉。

③ 青椒洗净切条、豆干切条，备用。热锅放少量橄榄油，倒入青椒翻炒至熟，加入豆干稍微翻炒，撒盐调味出锅即可。

④ 番茄洗净摆盘即可。

Friday 周五

Time | 1h   Serves | 1

Information

蛋白质	31.8 克
脂 肪	21.5 克
碳水化合物	50.7 克
膳食纤维	7.78 克
热 量	540.2 大卡

食 材

三文鱼 · 120 克

西蓝花 · 210 克

橄榄油 · 少量

白芝麻 · 少许

板栗红薯 · 180 克

蓝莓 · 适量

百香果 · 半个

做 法

① 三文鱼表面抹盐，用平底锅小火无油煎制，淋少许柠檬汁去腥味。想要里熟外嫩的话，买薄一点儿的三文鱼排；如果是厚的三文鱼，就持续用小火煎，不要停也不要着急，多翻面几次，否则表面很容易焦。出锅后撒白芝麻。

② 西蓝花洗净切小朵，余水后入冷水断热，沥干水分备用，这样颜色会保持绿色。热锅倒入少量橄榄油将余过水的西蓝花翻炒至全熟。

③ 红薯洗干净，直接蒸熟后和水果一起摆盘即可。

Saturday 周六

Time | 1h   Serves | 1

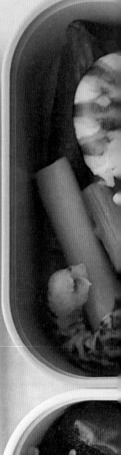

Information	
蛋白质	16 克
脂肪	12.1 克
碳水化合物	49.7 克
膳食纤维	7.9 克
热量	388.2 大卡

食材

虾仁·····················9 只
芦笋·····················180 克
彩椒·····················120 克
红米·····················50 克
玉米粒···················适量
树莓、杞果···············适量
橄榄油···················少许
白芝麻···················少许
帕玛森奶酪···············少许
盐、白胡椒粉·············少许

做法

① 虾去壳去虾线，加橄榄油、黑胡椒、姜丝、大蒜粉腌 15 分钟。芦笋洗净掰掉根部老掉的部分，去皮切段备用。热锅倒入少量橄榄油，放入芦笋翻炒，再倒入腌制的虾仁翻炒至变色，最后撒上一些奶酪。食用之前用微波炉加热，奶酪融化后会更好吃。

② 彩椒去皮切圈，放在烤盘上，放入少许橄榄油，撒上盐和白胡椒，烤箱 100°C 低温慢烤 90 分钟。一般我会隔夜把它放在烤箱里慢慢烤，第二天早上直接撒一些白芝麻就可以摆盘了，而且低温烤制出来的彩椒特别甜。

③ 红米隔夜泡水，第二天加适量水和玉米粒一起蒸熟即可。

④ 树莓、杞果切小块摆盘。

Sunday 周日

Time | 1h   Serves | 1

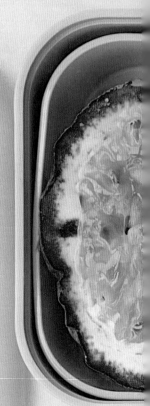

Information

蛋白质	29.5 克
脂 肪	21.1 克
碳水化合物	55.1 克
膳食纤维	4.4 克
热 量	538.7 大卡

食 材

牛肉· ·	100 克
西芹· ·	110 克
胡萝卜· ·	70 克
洋葱· ·	30 克
番茄· ·	120 克
意大利通心粉· · · · · · · · · · · · · · · · · · ·	50 克
百香果· ·	半个
橄榄油· ·	少量
番茄膏· ·	1 汤匙
番茄酱· ·	1 汤匙
盐、黑胡椒粉、罗勒碎· · · · · · · · · · · · · · · · · ·	少许
蒜末、生姜末· · · · · · · · · · · · · · · · · · ·	少许
生抽、醋、芝麻油· · · · · · · · · · · · · · · · ·	少许
奶酪碎· ·	少许

做 法

① 沸水烧开后加点盐，将通心粉煮至八分熟（约 8 分钟）。在番茄上划上十字，然后丢入冷水中煮沸，过凉水后剥皮、切丁。洋葱切成碎末、牛肉搅成肉糜，备用（也可以直接买牛肉糜，就是脂肪含量相对高一些）。炒锅内倒少量橄榄油，调至中火，放入牛肉糜翻炒至变色即可盛出。（此时锅的温度不需要太高，不然肉糜下去很容易结块而非粒粒分明）。同锅再倒入橄榄油，放入洋葱碎炒至透明后，将番茄丁倒入锅中一起炒，炒至番茄出水，加入一勺番茄膏翻炒均匀，再加 1 勺番茄酱、2 杯水、牛肉糜、盐、黑胡椒粉、罗勒碎，小火慢炖收至汤汁浓稠——经典番茄牛肉酱就完成了。倒入通心粉一起煮 2 分钟即可出锅，然后撒上一些奶酪碎。

② 西芹和胡萝卜去皮、切条，汆水后再过一遍凉水，然后与蒜末、生姜末、生抽、醋、少许芝麻油拌均匀即可。

③ 用百香果摆盘。

The Essence Of Weight Loss
Is The Establishment Of A Healthy Lifestyle

减肥究其本质，
是健康生活方式的建立

马楠 | interview & text

Polly 大宝 | photo courtesy

Polly 大宝

长居新加坡，女，27岁。
身高168厘米，最重时达74公斤。坚持健身两年多，非赛季体重56公斤、
体脂率20%；赛季体重50公斤、体脂率10%。

她是拍摄美照的摄影师，也是被拍得美美的健身模特；她是有着清晰马甲线的"举铁"爱好者，也是一度被脂肪绊住脚步的胖子；她是参加过"新加坡showdown：2017"业余健身比基尼大赛的选手，也是学生时代800米从没及过格的"体育困难户"。

如今的她，创业、摄影、旅行、健身，熬过了无人问津的日子，拥抱着想要的诗和远方。

Tag

- 业余健身比基尼大赛选手：2017 年参加过两次新加坡全国性的健身比赛，分别获得第六和第四的名次。
- 健身博主：在微博上分享自己的运动减脂和饮食心得，帮助很多粉丝答疑解惑，微博账号 @Polly 大宝，专门分享健康饮食的话题 #polly 的健身厨房 # 里有很多健康食谱。
- 留学生：毕业于新加坡国立大学，信息系统分析硕士。
- 创业者：联合创立新加坡第一线上旅行平台 comelah，专注东南亚深度小众特色旅行。
- 摄影师：《新加坡花小钱玩很大》畅销书摄影作者，摄影作品在国内外比赛多次获奖。

心目中的理想身材

我理解的理想身材应该是紧致而有肌肉线条的，肩宽、腰细、臀翘。而我所追求的"美"，是充满健康活力和力量感的。

——

○ 2017 年 10 月，Polly 大宝参加了新加坡全国健身健美大赛，摄影师专程用镜头为她记录下了参赛前的状态。Polly 最终不负众望，取得了比基尼组第四名的好成绩

食帖 × Polly 大宝

"在你坚持一段时间后，看到自己的身体在真真切切地发生着变化，那种欣喜和成就感会让你发自内心地对自己充满感谢。"

——Polly 大宝

食帖 ◢ 在减肥前后，你的"典型的一天"分别是什么样的?
Polly 大宝（以下简称"Polly"）◢ 减肥前三餐基本都在外面吃，最喜欢吃火锅、烤肉，对各种甜品也完全没有抵抗力。

减肥后会自己在家预先做好 4~5 顿高蛋白质、低脂肪、低碳水化合物的减脂餐，第二天上班带到公司吃。工作忙来不及做，或者不得不在外面吃的时候，会尽量按照这个原则选择健康的食物。

食帖 ◢ 从幕后摄影师到健身模特这一蜕变的过程中，经历了哪些不同的阶段?
Polly ◢ 我开始用健康的方式减肥的时候是 63 公斤，参加第一次比赛的时候 55 公斤，后来第二次参加比赛时 50 公斤，总共减重 13 公斤，这个过程大致可分为三个阶段。

首先是开始尝试健康饮食的第一阶段。这一时期主要是在外面的餐馆里寻找热量比较低的食物，比如说沙拉、清汤麻辣烫等，在运动上则是每周进行两到三次有氧运动，配合在家里跳跳健身操或者练练腹肌，从 63 公斤减到 59 公斤用了一个月的时间。

然后是开始进行力量训练的第二阶段。当时在健身房办了卡也请了私教，一周上两节力量训练课。因为我个人

○ 其实 Polly 原本没什么运动天赋，但现在，运动已成为她生活中的一部分

比较喜欢力量训练，崇尚有肌肉的身体，所以后续将训练量增加到一周四次。这个阶段基本在饮食上没什么太多改变，依旧是在外面吃低热量的食物，体重上的变化也不明显，不过可以看出体型在变好，肌肉线条也出现了。之后就是准备比赛阶段了。这个阶段我开始采用更专业的分化力量训练，每周训练六次，每次1~2个部位，训练的目标也调整为追求更好的泵感和力竭。在力量训练之余还会安排有氧训练，跑步、椭圆机、骑车等，每天30~60分钟，逐渐增加运动量。这个阶段的饮食就开始向专业运动员学习了，会计算自己每天所需的热量和三大营养素的配比，坚持自己做饭而不再在外面吃饭，并且每个月的饮食计划都会根据具体的减肥情况进行调整。我在这个阶段从59公斤减到了50公斤，体脂率最低的时候达到了10%，肌肉线条十分明显，腹肌分块、血管显露。

食帖 ◢ 是如何将从来没有坚持超过两周的运动变成生活的一部分的？

Polly ◢ 其实我本身运动天赋很差，中学时跑800米就没及过格，运动对我来说真的是一件非常困难的事情。而且每个人都有惰性，不愿意跳出生活中的舒适区。所以需要有强大的动力让自己坚持，告诉自己：减肥失败不是你不能，而是你的动机不够强烈。

具体到我的减肥和健身经历，两年前当我准备开始的时候，就知道仅凭我一个人的力量以及一时还算强烈的欲望一定很难长久坚持，所以我先是给自己报了一个线上减脂营，28天里有教练在线上监督着，还要每天在群里打卡，这让我有了一个坚持的方向。28天结束之后，我怕自己又懒惰了，就又去健身房请了私教，开始学习力量训练的方法和技巧，其间结识了一些练得非常棒的，甚至有参加健身比赛经验的朋友。之后，随着和他们一起健身次数的增多，并且被他们对健身的热爱和坚持不断感染着，慢慢地也对健身爱得难以自拔了。

所以我想无论是减肥还是健身，很重要的一点都是，在你坚持一段时间后，看到自己的身体在真真切切地发生着变化，那种欣喜和成就感会让你发自内心地对自己充满感谢。想要变得更好、不想让已经付出的努力白白浪费掉的心情，就是支撑你继续坚持下去的动力。

食帖 ◢ 现在的状态是否达到了自己的预期？

Polly ◢ 是的，我非常喜欢自己现在的身材，整体纤细但是有明显的肌肉线条。

"我认为'健康饮食'一定意味着营养是均衡的。"
——Polly大宝

食帖 ◢ 在减肥初期，有没有在"吃"上犯过什么错误？

Polly ◢ 有，曾经尝试过节食，比如不吃晚饭、不吃主食之类，偶尔控制不住嘴馋大吃一顿火锅或烤肉之后，还会采用下一顿不吃的极端方式来弥补。

食帖 ◢ 现在你对"健康饮食"是如何理解的？

Polly ◢ 我认为"健康饮食"一定意味着营养是均衡的，能够满足人体生活和运动上的需求，并且保证我们一整天都能精力充沛。同时应该避免高GI值的碳水化合物和甜食，这些食物会让血糖快速上升，使人很容易感到乏力且导致发胖。油腻的、辛辣的、对肠胃刺激大的食物，在我看来也都不属于健康饮食的范畴。

食帖 ◢ 你会尝试或者尝试过一些比较流行的减肥饮食法吗？

Polly ◢ 我以前试过"过午不食"的方法，就是早饭午饭随便吃，然后不吃晚饭。这样做在初期确实能看到不错的减重效果。我当时正在上大学，还没有开始健身，只是偶尔这样做，就减了有4~5公斤，而且嘴馋想吃火锅和烤肉的欲望也能得到满足。但是，这样饥一顿饱一顿的不规律三餐，其实很伤肠胃，时间一长，副作用就显现出来了，所以后来我经常胃疼。再有就是如果早餐和午餐吃得比较少的话，那么一整天的摄入会低于基础代谢，其实也属于一种节食，会导致基础代谢率下降、精力不济、心情不好等后果，而且进入"减重瓶颈期"也很快，不仅难以继续减重，稍微多吃一点还很容易反弹。

食帖 ◢ 为了减肥和健身，有哪些食物是你一定不会吃的？

Polly ◢ 含糖饮料、冰激凌这类高糖食物是不吃的，喝咖啡和奶茶也都不加糖。炸鸡、薯片等油炸食品也都不碰，有时候实在馋了就用空气炸锅做无油炸鸡块。另外，面包、包子、米粉、拉面等精制碳水食物，也会尽量少吃。

食帖 ◢ 有没有即使在最努力减肥和健身的阶段，也无法舍弃的美食？

Polly ◢ 有！对于蛋糕我始终是无法舍弃的，即使在备赛期间也会非常想吃！那时候我就会用低碳水化合物的椰子粉和蛋白粉做一些小蛋糕，配上无糖可可粉、零卡路里巧克力糖浆等，也能做出味道还不错的蛋糕解馋。

不用准备比赛的平常日子里，我不会那么辛苦地限制自己，会在同事朋友过生日，或者下午茶时和大家一起分享蛋糕，不过也只是吃几口罢了，不会像之前那样大快朵颐。大多数时候还是更喜欢自己做健康一些的糕点解馋。

> **"跑 50 分钟才消耗不到 300 大卡，去吃一顿麦当劳，随随便便就会摄入七八百大卡。"**
> —— Ｐｏｌｌｙ 大 宝

食帖 ◢ 如果和朋友下午茶时吃了蛋糕，会不会相应地增加当天的运动量？

Polly ◢ 不会的，一来是我会控制食量，并不会吃很多；二来，对我们参加比赛的运动员来说，都有赛季和非赛季之分，在非赛季通常会比较放飞自我，所以一般在非赛季大家都会胖一些（笑），不会特别计较。另外，也并不建议在某一顿或某一天吃得比较多之后，就一定要在运动上弥补回来，因为骤然提高运动量很容易受伤。还是要尽量保证生活中不要暴饮暴食，运动量也应避免忽高忽低。

食帖 ◢ 你说自己日常也会注意控制食量，即使是在很爱的蛋糕面前，很多人其实都做不到这一点。

Polly ◢ 我曾专门学习过怎么制作甜品，在这个过程中，你会很清楚地了解到外面的甜品究竟有多"罪恶"，到底加了多少白砂糖和黄油……只要想到这里，我就不那么想吃了。自己做甜点解馋时，我常用甜菊糖或木糖醇等天然甜味剂代替白砂糖，用椰子油代替黄油，用碳水

化合物含量较低的椰子粉代替普通面粉等，做出来的成品味道也还不错。

而且在我的减肥过程中，一直都是在运动上不吝付出的。然而，跑 50 分钟才消耗不到 300 大卡，去吃一顿麦当劳，随随便便就会摄入七八百大卡，之前那些辛苦全都打水漂了。每次想到这里，就会舍不得放任自己吃高热量的东西。

另外，因为我每天都会提前准备减脂餐，一日四餐都做好了，如果因为嘴馋而吃了其他高热量食物，那做好的减肥餐就只能倒掉，我会因为感觉浪费而产生内疚心理。

食帖 ◢ 坚持健康饮食对你来说困难吗？

Polly ◢ 万事开头难，一开始确实比较困难，毕竟肥肉不是一天两天吃出来的，二十多年的饮食习惯一时想要改变是非常困难的。有个说法是想要养成一个习惯至少需要 21 天，我觉得对于健康饮食的习惯来说，这个时间要至少增加到三个月才行。但是，只要想改变的欲望足够强烈，再配合自律精神或是身边好友的监督，这并不是一件不能完成的任务。

一旦有了健康的饮食习惯，最大也是最明显的变化肯定是身材上，体重变轻、脂肪变少，然后精神也变得很好。要知道，高 GI 饮食会让血糖在短时间内飙升，让人很容易犯困犯懒。身材变好的同时，皮肤状态也会有很大改善，避免了油腻和辛辣的食物，皮肤就不太容易长痘痘，透亮而有光泽。

食帖 ◢ 有没有很喜欢的食材？和你常用的健康烹饪小技巧？

Polly ◢ 碳水化合物的话喜欢红薯，烤着吃非常香甜，还有糙米，当你慢慢习惯了粗粮的口感后就不会觉得硬或者不好吃了，而且糙米同样可以做很多花式炒饭，都很美味；补充蛋白质则喜欢选三文鱼、瘦牛肉、去皮鸡腿肉。处理这些肉类时可以不放油，撒一些盐、胡椒粉、孜然粉、辣椒粉等调味就可以很好吃。很多人一说到减脂餐就会想到白水煮鸡胸肉这些，但实际上用水煮的方式处理肉类口感会很柴很老，再没有调味就更难吃了，一旦自己觉得健身餐难吃，就很难长久坚持下去。强烈建议大家准备一个不粘锅，条件允许的话再买个烤箱或空气炸锅，煎、烤、炸，都是很适合肉类的烹调方式。另外，还有一些零卡路里的调料能够让减脂餐味道更好，比如零卡的番茄酱、辣椒酱、沙拉酱等。

○ Polly 对自己现阶段的身材是满意的；整体纤细但有明显肌肉线条

食帖 ◢ 你在创业公司上班，工作想必也不轻松，平时如何平衡时间坚持健身和做减脂餐？

Polly ◢ 我平时的节奏大致是白天上班、下班之后去健身，健身完去超市买菜，到家就快速准备好第二天的 4~5 餐放进冰箱，第二天带去上班。

关于如何平衡时间，我有几个节约时间的技巧。一是准备好厨具，像蒸锅、烤箱、空气炸锅这些厨具，只需要把东西准备好放进去，就可以去做其他事情了，非常简单方便，而且空气炸锅真的是做健康餐的神器；二是厨艺，所谓熟能生巧，有的朋友可能很少做饭，所以做一顿饭需要花费很久的时间，而我因为一直给自己做减脂餐，过程已经很熟练，4~5 餐也只需要 30 分钟左右。

食帖 ◢ 减肥和健身的过程中，有没有很痛苦或坚持不下去的时刻？

Polly ◢ 每当遇到"瓶颈期"的时候都会很痛苦，那种"我明明很努力了啊，为什么就是没有进步？"的挫败感非

> "所谓熟能生巧，因为我一直给自己做减脂餐，过程已经很熟练，4~5 餐也只需要 30 分钟左右。"
>
> —— Polly 大宝

常让人苦恼，甚至会产生放弃的念头。这时候朋友很重要，跟朋友或者教练倾诉烦恼，让他们帮忙分析造成瓶颈的原因并且鼓励自己继续坚持下去。

○ Polly 认为减肥成功的关键，就是养成更健康的生活方式。从饮食到运动，都需养成好的习惯

食帖 ◢ 遇到平台期时你还有哪些建议？

Polly ◢ 突破平台期有两种方法，一是加大运动量，二是改变运动方式。减肥就像是逆水行舟，不进则退。很多人每天坚持跑步 30 分钟，跑了一年也没见体重有什么变化，还有的人用 4 公斤的哑铃练二头肌，练了几个月也没什么成果。减重和健身都是比较自虐的过程，想要持续进步就必须不断给自己加码。

食帖 ◢ 在体重基数比较大的时候，怎样可以避免运动损伤？

Polly ◢ 要避免做冲击性比较大的运动，像跑步、弹跳动作多的操课、HIIT 等，都不要在体重基数很大的时候做。健身的话更是要请专业教练带你入门，不要在自己零基础的时候跟着网上专业人士的视频进行模仿，很容易受伤。

食帖 ◢ 经常会有人说一旦开始运动了，就必须坚持，不然一旦停下来就会胖更多，然后他们就宁愿选择节食也不愿意运动减肥。

Polly ◢ 停止运动后会胖更多，这句话也对，也不对。说它对是因为像职业运动员，训练期间的饮食是比普通人的量大很多的。一旦停止训练，吃的习惯却一时半刻改不过来，就会出现吃得多动得少的情况，肯定会发胖。但是像普通人，为了减脂开始运动，饮食上也是减脂饮食，那么如果能辅助进行一段时间的力量训练，让身体的肌肉含量增加的话，新陈代谢速度提高之后，就算后面停止运动，只要在吃上不放飞自我，也不会有太大反弹风险的。

食帖 ◢ 你是怎么看待减肥后反弹这个问题的？

Polly ◢ 我认为只要从根本上改变了之前不健康的生活方式，减肥之后就不会反弹，减肥究其本质，是健康生活方式的建立。所以，减肥一定要选择健康的、自己能够坚持下去的方式，不是说今天突击减了 10 斤，明天就恢复原来的饮食习惯，那是不可能不反弹的。像我参加减脂营的 28 天，虽然不让吃火锅和烧烤之类的，但并不意味着以后一辈子都不能吃，也不是说减完肥就可以放开了想怎么吃都行。28 天里或者说每一段减肥过程中，最重要的是对食物的热量、运动的消耗等有一个概念。懂得了这些之后，才能更好地把握日常的饮食，不用为了每一餐的热量而纠结，可以做到平衡一整周的热量。

Polly 想对你说

"没有谁能轻轻松松就瘦下来，也没有什么人能随随便便练出漂亮的肌肉。

万事开头难，一定要给自己找到足够的源动力、陪伴和监督的驱动，不然很容易在看到效果之前就放弃了。还有，每个人的体质不同，不要照搬其他人的方法，建议自己多学习一些运动和营养学的知识，慢慢摸索出适合自己的一套方法。"

———

Polly 推荐的日常生活小习惯

"戒掉饮料，如果不喜欢单调的白水，可以喝无糖的茶、清咖啡、零度可乐等。另外，水果不要吃太多，水果含有丰富的果糖，吃多了也会容易发胖。还有就是要尽量多走路、爬楼梯。"

———

Polly 推荐的简单健身动作

"练习腹肌我推荐卷腹和俯身登山，想练翘臀可以试试深蹲、臀桥和跪姿后抬腿。"

———

早餐 BREAKFAST

One Night Oats Yogurt Meal
隔夜燕麦酸奶

Time | 5min   Serves | 1

Information	
蛋白质	12.9 克
脂 肪	6.1 克
碳水化合物	55.2 克
膳食纤维	5.6 克
热 量	约 341.2 大卡

食 材

燕麦·····················40 克
低脂无糖酸奶·················100 克
低脂牛奶··················100 毫升
蓝莓·····················一小把
切碎的草莓··················几颗

做 法

① 全部混合在一起后放入冰箱。
② 第二天早上即食。

Tuna Omelette

金枪鱼鸡蛋饼

Time | 10min   Serves | 1

Information	
蛋白质	44.9 克
脂 肪	6.6 克
碳水化合物	4.8 克
膳食纤维	3.3 克
热 量	约 266.5 大卡

食 材

水浸金枪鱼罐头·····················1 个（净含量 125 克）

鸡蛋·······························1 个

彩椒······························小半个

盐·······························少许

黑胡椒粉·························少许

做 法

① 金枪鱼罐头沥干水分，彩椒切丁。

② 鸡蛋、金枪鱼、彩椒丁混合，撒盐和黑胡椒粉，搅拌均匀。

③ 倒进不粘锅，小火盖锅盖煎 5 分钟。

④ 淋上一点无糖番茄酱开吃。

Steamed Quinoa Eggs

藜麦茶碗蒸

Time | 20~30min   Serves | 1

Information	
蛋白质	33.5 克
脂 肪	15.3 克
碳水化合物	34.3 克
膳食纤维	2.1 克
热 量	约 414.6 大卡

食 材

藜麦 · 30 克
虾 · 中等大小 5 只
鸡蛋 · 2 个
速冻蔬菜丁 ·50 克
盐 · 少许
黑胡椒粉 · 少许

做 法

① 藜麦和水 1：2 下锅蒸 10 分钟。

② 虾剥壳切段，撒盐和黑胡椒粉搅拌均匀腌制一小会儿。

③ 藜麦熟了之后沥干水分，铺上蔬菜丁。

④ 鸡蛋加盐和胡椒粉打散，倒入藜麦碗里下锅蒸。

⑤ 5 分钟后鸡蛋开始凝固，加入虾仁继续蒸。

⑥ 虾仁变红就可以吃了，根据喜欢的鸡蛋的熟度决定蒸的时间，半熟大概 5 分钟，全熟大概 10 分钟。

午餐 & 晚餐 LUNCH & DINNER

午餐：蒸红薯 + 煎鸡胸肉 + 清炒西蓝花
晚餐：糙米饭 + 煎鱼肉 + 清炒西蓝花

Time | 30min   Serves | 1

Information 午餐	
蛋白质	37.6 克
脂 肪	13 克
碳水化合物	61 克
膳食纤维	9.1 克
热 量	约 532.7 大卡

Information 晚餐	
蛋白质	34.2 克
脂 肪	1.95 克
碳水化合物	39 克
膳食纤维	1.6 克
热 量	约 317.6 大卡

食 材

红薯 ·······················200 克
糙米 ························50 克
鸡胸肉 ·····················150 克
鱼肉 ·······················150 克
西蓝花 ······················适量
植物油 ······················少许

做 法

① 红薯洗净放进蒸锅或者烤箱中；糙米饭可以一次多煮几份放冰箱。

② 鸡胸肉和鱼肉可以用不粘锅煎，也可以用烤箱或空气炸锅烹调。

③ 西蓝花用少许植物油清炒。

加餐 tips

健身前后如果离正餐时间比较长，可以吃一小把坚果，加一根香蕉。

Keep On Going And You'll Be Self-Discipline

坚持下去，
自律就会成为你的常态

马楠 | interview & text

Akino | photo courtesy

PROFILE

Akino

韩裔美国人，长居美国卡罗拉多州，女，29 岁。
结婚生子后增重 20 公斤，9 个月减肥 24 公斤，自
2014 年起坚持健身至今。

她曾是个"满是借口"的女人：没时间锻炼、没空闲减肥、
没精力打造自己，身高 164 厘米却重达 150 斤的她，是
两个孩子的妈妈，更是人们眼中的"大婶"。

好在她很快意识到人生短暂，成为母亲并不是放任自己
变懒、变丑、变胖的开始。照顾家庭，也不意味着就要
以一副黄脸婆的模样度余生。

如今的她，从身材到气质都发生了巨变，健康的生活习
惯不仅让她重返少女时光，更令全家都从中受益。

Before　　　After

○ 2014 年 5 月前的 Akino 还只是一位平凡的母亲，
每天忙于照顾两个孩子，偶尔在街上被人叫作"大
婶"。经过两年多的不懈努力，她将自己打造成
了身材完美的普拉提教练

- 普拉提教练
- 健身博主（ins @smitruti1010）
- 美食博主（ins @smitruti_food）

心目中的理想身材

"在我看来，这个世界上并不存在所谓的'理想身材'。当我最初尝试节食减肥的时候，我认为细腰、翘臀、长腿就是完美身材的代表，于是我也拼命努力想把自己变成那个样子。但后来我慢慢意识到，我们每个人的体型都是不一样的，并且每一个人的身体其实都很美。"

INTERVIEW
食帖 × Akino

> "在我看来，健康饮食的核心就是'规律饮食'。"
> ——Akino

食帖▲在减肥前后，你的"典型的一天"分别是什么样的?

Akino▲我减肥前后的生活节奏其实没有太大变化，唯一算得上不同的可能就是我现在会起得更早一些，以保证有时间锻炼。起床我就开始准备孩子们上学要带的午餐、叫醒他们、照顾他们吃完早饭并送去上学，此后我才能有一小段真正属于自己的时间。但很快就又到了接他们放学、准备全家人的晚餐、指导他们写作业的时间，等督促他们上床睡觉后，我自己也差不多该准备休息了。所以为了保持身材，我必须每天更早起来运动。

另外，在我的日常生活中，减肥带来的最大变化其实是在逛街的时候。减肥前有很长一段时间，逛街买衣服于我都是一种耗时的折磨，我很难买到尺寸合适、款式也还说得过去的衣服。但是在我减肥成功，并开始过上一种健康的生活后，买衣服变成了一件轻松而充满乐趣的事情。我很容易就能买到尺寸合适的衣服，它们穿在我身上的效果也非常棒。

食帖▲减肥初期，在"吃"上犯过什么错误吗?

Akino▲刚开始减肥的时候，想要坚持低脂饮食非常困难，我有好几次都没抵挡住美食的诱惑。越是这种时候就越不要灰心，绝对不能自暴自弃。只要继续坚持下去，吃得健康和低脂就会慢慢变成生活习惯的一部分。一旦度过了最初阶段的反复，犯错误的概率就会越来越低，坚持下去，就会变得容易起来。

○ Akino 和她的两个儿子

● Akino 的好身材和好皮肤都离不开健康的饮食，喜欢与亲友一起外出就餐的她，同样享受亲自下厨为家人料理三餐的过程，经过精心搭配的菜肴，营养更加丰富全面

食帖 ◢ 你对"健康饮食"是如何理解的?

Akino ◢ 在我看来，健康饮食的核心就是"规律饮食"。如今很多人在减肥时都会采取一些不规律进食的方式，比如某一餐不吃，或断食一段时间之类的。虽然在短期内确实可以看到明显的体重变化，但却非常不健康。我认为想要在减肥的同时保证健康，关键在于调整每一餐的量，比如保证一日三餐按时吃饭，但是晚餐的量最少，吃得最清淡，同时戒掉宵夜。

食帖 ◢ 你会不会尝试一些比较流行的减肥饮食法? 比如生酮饮食、轻断食之类的?

Akino ◢ 试过! 我曾为了婚礼断食过一周，每天只喝柠檬汁。我成功了吗? 当然! 仅仅一周的时间我就瘦了 5 公斤，但是这也让我变得非常容易疲劳，并且等度完蜜月再称重，直接复胖了 8 公斤。所以我深信，从长期角度来考虑，断食并不是一个行之有效的方法。

○ Akino 很善于利用零碎的时间，在家中的每一处空间进行锻炼

食帖 ◢ 为了减肥和健身，有没有什么食物是你一定不会吃的？

Akino ◢ 我不会为了减肥和健身的目的而放弃享受任何一种食物。如果我特别想吃的某些食物被公认为不利于减肥或者不健康，那么我就把它们放在早上或中午的时候吃，绝对不在晚餐的时候碰它。并且我会控制它们在我整个饮食结构中所占的比例，不会放纵自己大吃特吃。

食帖 ◢ 有没有即使在最努力减肥和健身的阶段，也无法舍弃的美食？

Akino ◢ 所有辣味的食物！像热辣的拉面、猪肉或辣酱等，只要是辣的食物我都喜欢！

食帖 ◢ 坚持健康饮食对你来说困难吗？

Akino ◢ 坚持健康饮食真的是一件蛮困难的事，因为会

"开始健康饮食后，我最大的收获就是随之建立起了健康的生活习惯，整个人也变得越来越有自我驱动力，越来越自律了。"

——Akino

很怀念当初那种无论什么时间或什么食物，想吃就吃的自由，这种感觉在我和朋友、丈夫在一起的时候尤其强烈。虽然我也能很清醒地意识到，一旦这样做了，一直以来的健康饮食习惯就会被打破，但是控制自己的食欲依然是一件非常困难的事情。所以我认为坚持健康饮食的关键，就是把打破习惯的频率降到最低，尽可能长时间地坚持住。当一种习惯开始形成后，继续下去就会容易很多。开始健康饮食后，我最大的收获就是随之建立起了健康的生活习惯，整个人也变得越来越有自我驱动力，越来越自律了。

食帖 ◢ 在你刚开始减肥时，要照顾全家人的生活包括两个年幼的孩子，同时自己也要上班，那时的你是怎么进行减肥计划的？

Akino ◢ 最开始的时候，我对减肥和健身了解得都很少，通常都是在网上搜索喜欢的博主，看他们是怎么锻炼的，然后就按照他们的方法对自己的身材进行有针对性的训练。后来我发现在孩子们早上起床前，以及他们晚上睡觉之后，我能有稍微多一点的时间锻炼。

食帖 ▲ 听说在你的带动下，全家人都开始注重锻炼身体了？

Akino ▲ 我丈夫对我为锻炼身体、雕塑身材所付出的努力感到非常钦佩，同时也很欣赏我在日积月累下取得的成就，所以他也受到鼓舞开始健身。我在家锻炼的时候，孩子们也经常在旁边看着，日子久了便也想要跟我一起锻炼。我很重视健康饮食，也是因为我家的三餐都由我来料理，如果我能够安排得健康一些，那么家人们也能从中受益更多。

> **"不要设定非常严苛的目标**
> **来给自己增加压力。"**
> —— Akino

食帖 ▲ 在体重基数比较大的时候，怎样避免运动损伤？

Akino ▲ 我认为对于肥胖程度比较严重的朋友而言，最重要的一点是不要试图快速减肥，要根据自己实际的身体状况设定一周的、两周的，乃至几个月的目标，并且做好付出长久努力的准备。具体到运动上，虽然尽力而为非常重要，但是一定不要超过自己的能力范畴。勉强自己完成高难度或高强度的训练是最容易受伤的，尤其是在进行力量训练时，贸然增加负重非常危险。

食帖 ▲ 有没有遭遇过减肥平台期？

Akino ▲ 当然有过平台期，平均每两个半月我就会遇到一次。不过这并没有对我造成太大的困扰，因为在最开始减肥时我也没想过一定要达到怎样的程度，只希望减掉因为怀孕增长的体重，恢复到原来的样子。所以我认为遇到平台期，心态很重要，不要设定非常严苛的目标来给自己增加压力。同时在运动上，我认为保持平时的量和节奏，继续坚持下去就可以了。

食帖 ▲ 有没有过坚持不下去的时刻？

Akino ▲ 其实我并没有什么痛苦的感觉，但是在适应健康的饮食结构前，我经常会饿得睡不着觉，饥饿感让我变得很暴躁，并且充满挫败感。但是，坚持几周后，身体和精神都会逐渐适应这种新的生活方式，整个人的感觉都会变得好起来！

Akino 想对你说

"保持理想身材是一件需要牺牲很多享乐且高度自律的事情，在开始的时候难免会一再出现搞砸的状况，但是这个时候请你务必要坚持下去！各种问题会出现得越来越少，最终，自律会成为你的日常状态，接下来事情就会开始容易起来。所以，一定不要放弃，无论如何要坚持朝着你理想的状态去努力！"

○ Akino 也喜欢在天气晴朗的日子里出门进行户外运动。比如到家附近的公园里跑跑步、压压腿，都是她非常享受的美好时光

Akino 推荐的日常生活小习惯

"对我而言，饮食健康有度、坚持锻炼，就是保持身材的关键。同时，要多喝水，充足的水分对于身材非常重要。"

Akino's Daily Diet
Akino 的健身三餐

早餐 BREAKFAST

Grain Powder Milk & Tomatos
牛奶谷物粉 + 番茄

Time | 10min　Serves | 1

Information

蛋白质	24.3 克
脂 肪	17.5 克
碳水化合物	38.6 克
膳食纤维	5.6 克
热 量	约 417 大卡

食 材

谷物粉 ·	30 克
牛奶 ·	250 毫升
蜂蜜 ·	20 克
大麻籽 ·	1 汤匙
番茄 ·	一个

做 法

① 将黑豆、黑芝麻、黑米焙熟或烘烤出香味，按 2∶2∶1 的比例混合后磨成粉末。

② 将 30 克谷物粉加 20 克蜂蜜，以 250 毫升牛奶冲泡。

③ 可另混合 1 汤匙大麻籽，搅拌后饮用。

④ 番茄切片生食，或微烤制后配餐。

午餐 LUNCH

Shrimps Chilli Meal
鲜虾饭

Time | 10~15min   Serves | 1

Information

蛋白质	19.3 克
脂 肪	11 克
碳水化合物	12.2 克
膳食纤维	2.9 克
热 量	约 230.7 大卡

食 材

虾	中等大小 5 只
甜椒	1 个
大蒜	2 瓣
辣椒粉	少许
胡椒粉	少许
橄榄油	2 勺

做 法

① 烧热橄榄油，放入虾及 2 瓣大蒜翻炒 2~3 分钟。

② 根据个人口味添加辣椒粉、胡椒粉等调味。

③ 甜椒切小块后下锅，翻炒片刻即可。

午餐 LUNCH

Roast Chicken Breast Rolls
烤鸡胸沙拉卷

Time | 25~30min   Serves | 1

Information

蛋白质	35.7 克
脂 肪	23.8 克
碳水化合物	52.8 克
膳食纤维	4.66 克
热 量	约 578.7 大卡

食 材

鸡胸肉	100 克
洋葱	半个
番茄	半个
鳄梨	半个
莴苣	2 片
墨西哥薄饼	1 张
脱脂酸奶	1 盒
胡椒粉	少许
醋	少许
盐	少许

做 法

① 加热烤盘至温度适中。

② 在鸡胸肉的两面各均匀撒上约 1/4 茶匙胡椒粉，烤 15~18 分钟，其间注意翻面 1~2 次。

③ 将洋葱、酸奶、食醋、橄榄油、盐等搅拌均匀制成沙拉酱，再向其中混入切碎的番茄、鳄梨后继续搅拌。

④ 将烤鸡胸肉（晾凉 5 分钟左右后的温度即可）切成合适的大小，加入步骤③中已经混合好的食材中，制成烤鸡肉沙拉。

⑤ 在每张墨西哥薄饼上放两片莴苣叶，再加上烤鸡肉沙拉后卷起来即可。

晚餐 DINNER

The Dinner Salad
晚餐沙拉

Time | 10min   Serves | 1

Information

蛋白质	13.3 克
脂 肪	18.3 克
碳水化合物	48.7 克
膳食纤维	3.2 克
热 量	约 419.7 大卡

食 材

鸡蛋····································	1 个
红薯····································	200 克
鸡肉肠··································	1 根
各色蔬菜································	适量
低脂沙拉酱·····························	少许

做 法

① 分别将鸡蛋蒸熟、红薯烤熟、香肠煎熟。

② 将鸡蛋和红薯切碎后，以少许低脂沙拉酱拌匀。

③ 用香肠及其他喜欢的蔬菜搭配食用即可。

No Matter Fat Or Slim, Everyone Is Invaluable

无论胖瘦，
每个人都是很宝贵的

马楠 | interview & text

Jini | photo courtesy

Jini

韩国减肥博主，24 岁，女，曾用两年时间
从 200 斤减至 100 斤。

Jini 是一位来自韩国的年轻姑娘，身材苗条，容貌秀丽。翻看她的 ins 主页，
无论是出街、健身，还是工作日常，每一张照片都让人感到这是一个充分享受
生活的美好，并被生活爱护着的姑娘。

但是，在美好的时光到来之前，Jini 曾经是个体重达 200 多斤的胖妞儿。肥胖
在她的青春里投下了深重的阴影，她羡慕朋友们可以一起结伴玩耍，却因为自
卑而没有勇气加入其中；她深爱着在一起三年的男友，却因为被嫌弃太胖而遭
遇劈腿分手，甚至在她蜷缩回自己的小角落里时，脂肪的侵蚀依旧紧追不舍：
她被查出患有腰间盘突出，并且血糖也处于罹患糖尿病的危险状态。

大哭一场后，Jini 终于不再动摇心中"一定要开始减肥"的决心，并且在与臃
肿身体告别的同时，建立起健康的饮食习惯，享受着运动和流汗带来的快乐。
如今的生活，健康、美丽、自尊都是她最闪亮的标签。

PROFILE

Tag

- 减肥博主。除了关注身材之外，更重视鼓励自己和他人的"自尊心"和"自尊感"。
- 自尊感。这是指要尊重自己，无论胖瘦，无论来自名牌大学还是只读到高中，每个人都是很宝贵的存在。

心目中的理想身材

不仅仅是大众意义上的"可乐瓶身材"或者 S 形曲线，又或者说，我认为其实这个世界上并不存在真正的"理想身材"。没有人可以评价我或者任何人的外表，我们自己也不能以所谓"现代美"的标准否定甚至贬损自己，外表的美丽虽然重要，但并不能代表一切。在我眼中，真正的美丽是有能力在他人需要的时候慷慨提供帮助、是为了比现在的自己更好而不断付出努力，这个努力和坚持的状态才是我心中真正的美。为了在精神和身材上都比现在更好、更成熟，我正在坚持不懈地努力着，这就是我所理解的"理想身材"和"理想状态"。

○ 漂亮的 Jini 刚好有一位摄影师朋友。2016 年，为了帮助事业刚刚起步的好友，Jini 主动为其担任模特拍摄了一组照片，镜头里的 Jini 尽展减肥成功后的完美身材

Before

After

○ 2014 年，年仅 19 岁的 Jini 却有着高达 200 多斤的体重（左）；经过两年时间的不懈努力，21 岁的 Jini 终于减肥成功（右），成为了名副其实的马甲线女神

食帖 ×Jini

"当时只一味求快，很盲目地不吃或吃得很少，这应该是我犯过最严重的错误了。"

——Jini

食帖▲在减肥前后，你的"典型的一天"分别是什么样的？

Jini▲减肥前，快餐、油腻和精加工的各种食物都是我的最爱。比如早上我会吃五花肉，午饭在学校吃，两餐之间吃些甜点或者加了很多糖的咖啡，晚饭吃得比较随便，因为之后我会在很晚的时候吃宵夜。我一个人一顿大概就能吃掉两只——是两只而不是两块——炸鸡，以及一盘比萨。

减肥后，我尽量吃健康的、加工程度低的食物，早上一般吃酸奶和水果，午饭和晚饭都会选择有营养的食材，保证碳水化合物、蛋白质、膳食纤维和脂肪都有摄入。

食帖▲在减肥初期，你曾经在"吃"上面犯过什么错误？

Jini▲当时只一味求快，很盲目地不吃或者吃得很少，这应该是我犯过最严重的错误了。

食帖▲你对"健康饮食"是如何理解的？

Jini▲我认为首先要保证一日三餐按时吃饭，不能饥一顿饱一顿；然后在每一餐中应该尽量选择加工程度低的食物；同时吃东西的速度一定要放慢，细嚼慢咽，体会每一种食物的滋味。

○ 含有丰富蛋白质的鱼肉、纳豆等食物都是 Jini 的必备食材

食帖▲为了减肥和健身，哪些食物是你一定不会吃的？

Jini▲我平时基本不喝饮料，以前喜欢的甜咖啡也戒掉了。除此之外，像油炸食品、甜点、比萨、炒年糕、方便面和快餐等，也都尽量能不吃就不吃。

食帖▲有没有即使在最努力减肥和健身的阶段，也无法舍弃的美食？

Jini▲冰激凌！我特别喜欢吃冰激凌，即使减肥最心切的时候也还是很喜欢。但是我也知道吃冰激凌对身体不好，所以后来为了身材，我改用冻香蕉代替，有时也会把抹茶粉撒在低脂冰激凌上解馋。

○ 减肥成功后的 Jini 也有想吃甜食的时候，她也有很多更健康的解馋方法，比如在香蕉、苹果等水果上撒一些莓粉

食帖▲坚持健康饮食对你来说是否困难？

Jini▲最开始我的减肥方式并不健康，要么不吃、要么就吃得很少，并且对我来说坚持健康饮食是一件很痛苦的事情。但是当我真的领悟到为什么要减肥、什么是真正的健康和美丽的时候，坚持健康饮食开始变得没那么困难了，并且慢慢成为我日常生活的一部分，我的身材和精神状态也随之有了变化。现在的我很喜欢自己动手制作低脂肪、高营养的健康料理，感觉整个人状态非常好。

食帖▲分享几个好吃的减脂餐技巧吧。

Jini▲做减脂餐的话，食材选择是最重要的，我喜欢低脂肪但富含蛋白质的食物，比如鸡胸、鱿鱼、豆腐等，还有膳食纤维丰富的各种蔬菜；主食的话，则多用低 GI

○ 越是减肥心切，就越不能用节食等极端方式让自己挨饿，充足的蛋白质和纤维素能够起到事半功倍的作用。因此，鸡胸虾仁炒蔬菜也是深受 Jini 和她的朋友们喜爱的一道减肥餐

○ 偶尔还是会很想念和朋友们一起吃比萨、喝饮料的时光，这时她就会自己动手烤一个蔬菜地瓜比萨，不仅健康美味，也不会给身体增加额外的负担

值的碳水化合物，比如红薯、南瓜等。另外，女孩子还是应该补充一些健康的脂肪，坚果和椰子油都是不错的选择。做料理时为了口味，会加一点儿盐和胡椒调味，完全没有味道的话会很难坚持。

"在制订自己的运动计划表时，找到自己感兴趣且能享受其中的运动方式是非常重要的。"

——Jini

食帖 ◢ 从 100 公斤到 50 公斤，两年的减肥过程你经历了哪些不同的阶段？

Jini ◢ 最开始减肥时实在是高度肥胖，所以最初的 3 个月体重变化得很快，之后的速度就没那么快了，开始慢慢地、平稳地变瘦。减了近 40 公斤以后，由于基数变小，减重速度变得更慢，之后花了相当长的时间才到现在的体重。

食帖 ◢ 在锻炼过程中，你是如何摸索出适合自己的运动计划的？

Jini ◢ 刚开始时，我尝试过各种运动，像游泳、普拉提、力量训练等，在不断尝试的过程中发现，力量训练是最适合我的方式。现在的我还在继续坚持力量训练，但由于身体素质变好了，也会挑战一些之前从没有接触过的新运动。因此，我想在制定自己的运动计划表时，找到自己感兴趣且能享受其中的运动方式是非常重要的。另外，我刚开始运动时会向健身房的老师学习怎么制订计划，在有了一定运动方面的知识后，才开始自己制订运动计划。我每次锻炼大致分为三个部分：有氧运动、力量训练，最后再做有氧运动。

食帖 ◢ 在体重基数比较大的时候，怎样可以避免运动损伤？

Jini ◢ 我建议高度肥胖的朋友选择室内自行车、游泳这样的运动，可以缓解对膝盖的冲击力，避免损伤。

食帖 ◢ 你的原则是"只要不生重病，就一定要每天运动"，有没有过想偷懒或放弃的时候？

Jini ◢ 都有过，这种感觉一上来我就会回想以前的我。减肥之前还在上高中时的我特别胖，我们的学校在一座山丘上面，每天爬山对我来说是一件非常吃力的事，所以根本做不到像其他同学那样一起搭伴有说有笑地上下学。一想到那时候的情景，当下减肥的辛苦就会淡化很多。以前的自卑和对一直在变得更好的自己的信心，就是我坚持下去的力量。

Jini 最喜欢的"333 运动法"

"首先是生活习惯上的'333'，减肥期间要尽量保证每天走路 30 分钟，运动 30 分钟，自己喜欢的各种运动都可以，并且提前 30 分钟起床。比如今天按工作安排需要早上 8 点起床，那么就 7 点半起来，给自己一个充分转醒的时间，更好地投入一天的生活之中。

具体到运动法，就是指选择自己喜欢的 3 个动作，包括两种无氧运动和一种有氧运动，作为一组，组合出 3 组，然后每组完成 3 次。"

Jini 推荐的简单健身动作

"锻炼腹肌的动作一般都没有场所限制，比如卷腹、交叉登山步（mountain climber）、平板支撑等，我觉得都很好。"

Jini 推荐的日常生活小习惯

"很多生活细节如果注意的话，都能够自然而然地增加一些运动量，比如平时少坐电梯、多爬楼梯，工作时勤起来走动、做一做拉伸之类的简单动作等。另外，多喝水对于减肥和保持身材也很有益处。"

Jini 想对你说

"一定不要饿肚子！就算是减肥再心切也一定不要饿着自己！一定要每天吃好 3 顿饭、至少做 30 分钟自己喜欢的运动，并且不要期待一下子就看到效果，不能马上减重也不要气馁。减肥是一项需要长时间投入的事，但一般坚持 30 天左右就一定会有效果了。

一定要记得，外表的美并不是美的全部意义，我始终相信内在美比外在美更重要。所以减肥变漂亮只是一方面，更重要的是让精神同身体一起变得更美、更坚强，多挑战，多享受健康的生活。"

早餐 BREAKFAST

Yogurt & Fruits
酸奶 + 水果

Time｜5min　Serves｜1

Information	
蛋白质	8.8 克
脂 肪	0.2 克
碳水化合物	7.7 克
膳食纤维	0.2 克
热 量	约 69.2 大卡

食 材

希腊酸奶·······························100 克
草莓等其他喜欢吃的水果···················50 克

做 法

将水果洗净切块，和酸奶混合即可。

午餐 LUNCH

Fried Chicken Gizzard

炒鸡胗

Time | 10min   Serves | 1

Information	
蛋白质	18.2 克
脂 肪	5.5 克
碳水化合物	16.8 克
膳食纤维	3.2 克
热 量	196.9 大卡

食 材

鸡胗·······················100~150 克
洋葱··························半个
红辣椒·························适量
清酒··························适量
大蒜·························1 汤匙
芝麻··························少许
酱油·························1 汤匙

做 法

① 将鸡胗用清酒浸泡，清除杂味，然后用盐水煮至变色。

② 将鸡胗、大蒜、酱油下锅翻炒，放入洋葱、红辣椒等继续煸炒
出香，撒上芝麻即可出锅。

晚餐 DINNER

Tofu Soup
嫩豆腐汤

Time | 10min   Serves | 1

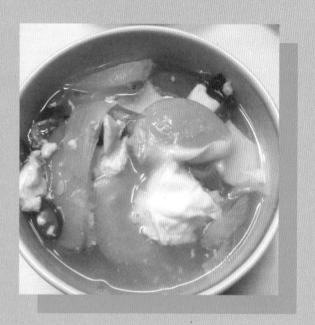

Information	
蛋白质	25.1 克
脂 肪	11.3 克
碳水化合物	7.2 克
膳食纤维	0.7 克
热 量	约 232.4 大卡

食 材

嫩豆腐····································	100~150 克
干虾·······································	少许
小银鱼····································	少许
南瓜·······································	30 克
洋葱·······································	半个
辣椒·······································	少许
大葱·······································	少许
鸡蛋·······································	1 个

Tips

因为蔬菜热量低，可根据个人口味再添加各种蔬菜。

做 法

① 用干虾、小银鱼等做出海鲜汤，将南瓜、洋葱、辣椒和大葱切好备用。汤煮的时间越长越好喝。

② 将蔬菜放入汤中继续炖煮 5~7 分钟，蔬菜煮熟后，将嫩豆腐放到汤里煮两分钟。

③ 最后放入鸡蛋再煮 30 秒 ~1 分钟。这时不要搅动鸡蛋，可以按照自己的口味调整煮鸡蛋的熟度。

Healthy And Delicious Diet Meals

健康也美味的三餐计划

拉里 | edit & recipe
珍珍 拉里 | photo

如果你看了本书前面章节的内容，应该已经了解健康减肥与规律三餐的密不可分。

虽然也可以不只三餐，比如选择少食多餐，三餐之间进行1~2次的加餐，同时减少三餐分量，但是，三餐仍然是一天中最主要和热量占比较高的三顿饭，怎么把三餐吃得又好又对，仍然是想健康减肥的朋友最应重视的问题。

首先，三餐按时吃，养成一定的进餐节律，对于身体各项机能的正常运转十分重要，也能让养成习惯的大脑和身体在相对固定的时间发出饥饿信号，避免在三餐以外产生不必要的饥饿感。这个节律没有固定标准，根据你个人的生活作息模式来定即可，重点是要养成习惯。

另外，三餐应营养搭配均衡，满足人体一天所需营养摄入标准。《中国居民平衡膳食餐盘（2016）》中给出的建议很值得参考：

○ 中国营养学会发布的中国居民平衡膳食餐盘（2016）

1 食物多样，谷类为主

建议平均每天摄入 250~400 克谷物，其中全谷物 50~150 克，薯类适量。

全谷物是指未经精制加工、各组成部分保留较为完整的谷物，比如我们常说的"粗粮"中的糙米、燕麦、荞麦、高粱，以及近几年大火的健康食材藜麦等，都属于全谷物。

这份《中国居民平衡膳食餐盘（2016）》面向的是所有中国居民，可以看出不只是健身减肥人群，对于想追求健康的任何一个人，都应多吃全谷物。建议中给出的全谷物在日常饮食中的占比，是面向普通大众的参考值，如果是健身减肥人群，这个占比还可以更高。

不过，不建议将日常主食全部用全谷物替代，因为全谷物不易消化，摄入过多对肠胃会造成压力。主食不想吃精米白面的话，可以用一定量的全谷物 + 薯类替代，营养密度更高。

2 多吃蔬菜

建议吃不同种类蔬菜，平均每天 300~500 克，每天吃 5 种以上，新鲜深色叶菜需占到一半。

如同前面"维生素与矿物质"一文所说，现代人看似饮食"丰富"，其实每天的必需维生素与矿物质摄入量经常不达标。这其中，蔬菜吃得太少是主要原因。蔬菜中含有较多维生素、矿物质等营养素，以及大量的膳食纤维和有益人体健康的植物化学物质，尤其是深色叶菜中含量更高。不同蔬菜中所含营养成分的类型和比例皆有不同，建议中提出的"每天吃 5 种以上，新鲜深色叶菜需占到一半"，正是为了让我们尽可能综合且高效地摄取各种营养。

3 天天吃水果

建议多吃新鲜水果，平均每天 200~350 克，果汁不能代替鲜果。

水果也是多种维生素、矿物质、膳食纤维和植物化学物质的主要来源。并且，含糖量较高的水果也能提供较多的碳水化合物。之所以在吃蔬菜之余又建议吃适量水果，是因为蔬菜与水果所含的各种营养素类型和比重也各有不同，比如某些营养素或植物化学物质，只能通过某类水果摄取。

建议中提到"果汁不能代替鲜果"，这里的果汁应该是指精制果汁，即去除果皮、果肉等渣滓和纤维后的纯果汁，或者另外添加糖分的市售果汁。这类果汁不仅损失了较多营养成分，含糖量也更高，与吃水果的初衷背道而驰。如果想喝果汁，建议自制健康果蔬汁，具体方法可参考本书的《晨间能量果蔬汁指南》。

4 吃适量鱼肉蛋和豆类

建议动物性食物平均每天吃 120~200 克，优选鱼肉和禽肉，吃多种豆制品。

吃鱼、肉、蛋和豆类的主要目的，是补充充足的蛋白质。这对健身减肥人群来说至关重要，因为蛋白质既可以提升饱腹感，也是促进肌肉形成的关键要素。

比起畜肉类，鱼肉和禽肉中的饱和脂肪酸含量相对较低，同时蛋白质含量也很丰富，优选鱼肉、禽肉、蛋类有助于降低胆固醇和甘油三酯水平，预防动脉硬化，改善心血管疾病等。一些深海鱼类中还含有较多 EPA 和 DHA 等对人体有益的不饱和脂肪酸。

各种豆制品也是蛋白质的优质来源。比如大豆，因含有人体必需的各种氨基酸，被称为拥有"完全蛋白质"的优质食物，不仅如此，还含有多种维生素与矿物质微量元素，以及大豆异黄酮等有抗氧化、延缓衰老和预防癌症功效的黄酮类植物化学物质，同时脂肪含量还较低。除了大豆及其相关制品，鹰嘴豆、小扁豆等豆类也是高蛋白、低脂肪，且富含钙、钾、镁、铁等多种矿物质元素的高营养密度豆类食材。

所以，不仅素食主义者可用豆制品来替代肉蛋类，非素食者也建议在日常饮食中加入多种豆制品，以确保营养均衡。

5 一天一杯奶

建议选择多种乳制品，达到 300 克鲜奶量。

乳制品包含奶粉、调制奶粉、鲜奶、奶酪、酸奶等，它们也是蛋白质的主要来源。同时，乳制品中通常也富含钙、磷、镁、铁、锌、钾等多种矿物质元素。奶酪、酸奶等发酵类乳制品，还能提供促进肠道健康的益生菌。

中国居民平衡膳食宝塔（2016）

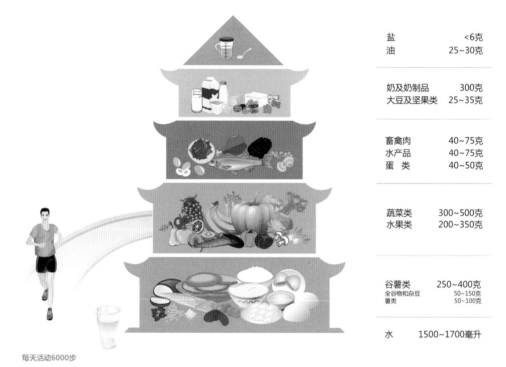

盐	<6克
油	25~30克
奶及奶制品	300克
大豆及坚果类	25~35克
畜禽肉	40~75克
水产品	40~75克
蛋 类	40~50克
蔬菜类	300~500克
水果类	200~350克
谷薯类	250~400克
全谷物和杂豆	50~150克
薯类	50~100克
水	1500~1700毫升

每天活动6000步

○ 中国营养学会发布的中国居民平衡膳食宝塔（2016）

除了以上 5 点，《中国居民平衡膳食宝塔（2016）》中也建议我国居民每人每天摄入 25~30 克的油。油的选择，也应当尽可能优质，比如这 25~30 克油中，一部分可分配给相对健康的烹饪油，如橄榄油、亚麻籽油、葡萄籽油、菜籽油、椰子油等；另一部分可以通过吃少量坚果种子类食物来摄入，比如扁桃仁、核桃仁、腰果、开心果、南瓜子、葵花籽、亚麻籽、奇亚籽等。

之所以建议将其中一部分分配给坚果种子类，是因为它们的营养价值很高，除了较高的蛋白质含量外，各种矿物质微量元素含量也很丰富，还富含维生素 B、维生素 E，虽脂肪含量较高，但多为亚油酸、亚麻酸等人体必需的不饱和脂肪酸，每天适量食用有抗氧化、延缓衰老的功效。另外，这类食物中膳食纤维含量也较多，有助于提升饱腹感。不过，它们的热量通常较高，一定要控制摄入量。如果每天烹饪油摄入 10~15 克，坚果种子类则建议控制在 15~20 克。

最后，以上"餐盘"搭配只是建议，并非强求每一餐都如此严格搭配。只要通过每天的三餐，尽可能将"餐盘"中的建议食物充足且均衡地摄入就可以。比如早餐和午餐如果没能吃到大量蔬菜，就可以在晚餐中多吃些蔬菜。比如乳制品和坚果种子类，可以作为三餐以外的茶歇加餐，为学习与工作适时补充能量，还能延长饱腹感。

本篇分享早、午、晚餐共 10 道美味食谱，每一道都较多地使用以上膳食建议中的食材，营养丰富的同时热量不会过高，烹调方式也相对健康。虽然未必每一道都完美满足"餐盘"搭配比例，但可以根据个人喜好自行选取组合，让一天的膳食均衡且美味。

Avocado Cheese Sandwich
鳄梨番茄鸡蛋奶酪三明治

Time | 30mins　Serves | 1

Information（一人份）

蛋白质	17.7 克
脂 肪	25.7 克
碳水化合物	28.8 克
膳食纤维	7.0 克
热 量	431.4 大卡

食 材

鳄梨·······························半个
番茄·······························半个
鸡 蛋······························一个
切达奶酪片·························2 片
黑麦吐司···························2 片
盐和黑胡椒粉·····················少许

做 法

① 烤箱预热 180℃。

② 将鳄梨去皮去核，切片（约 1 厘米厚）；番茄洗净，切片（约 1 厘米厚）；鸡蛋煮熟，剥壳切片（约 1 厘米厚）。

③ 在一片吐司上依次铺上奶酪片、鳄梨、番茄，撒少许盐和黑胡椒粉；另一片吐司上铺上另一片奶酪和鸡蛋切片。

④ 将两片吐司放入烤箱，180℃烤 10 分钟。取出后，将两片吐司扣在一起（食材朝内），略微按压，即可享用。

Tips

早餐三明治不仅方便、快手、营养均衡，还可以有很多变化。

比如你可以在以下这几项中任意选择，就能快速搭配出一份自己喜欢的三明治：

谷薯类： 黑麦或全麦面包切片。

鱼肉蛋豆类： 鸡胸肉（水煮或煎烤的皆可）、金枪鱼罐头（水浸而非油浸的）、鸡蛋（水煮蛋或炒蛋皆可）、豆腐（水煮或煎烤的皆可）、鹰嘴豆泥等；火腿和培根等熏制肉类可以偶尔少量食用，但需注意不要再额外加盐。

蔬菜类： 羽衣甘蓝、菠菜、生菜（绿叶或紫叶的皆可）、芝麻菜、卷心菜、番茄、甜椒、洋葱、黄瓜、菌类等。

奶制品： 喜欢的任意奶酪（切片、奶酪碎或涂抹式的皆可）、希腊式酸奶（无糖）等。

油脂类： 鳄梨、橄榄油、椰子油等。

其他调味品： 黑胡椒粉、辣椒粉、干香草碎、柠檬汁、颗粒芥末酱、法式芥末酱、酸黄瓜、墨西哥泡椒、刺山柑等。

以上都各选一些组成一份三明治，基本就能涵盖碳水化合物、蛋白质、脂肪、膳食纤维，以及多种维生素和矿物质元素了。如果还想更均衡一些，按照中国居民平衡膳食餐盘（2016）的建议，可以再来一小份水果（70~150 克）。

其他快手美味组合参考

① 全麦吐司 + 鳄梨 + 火腿 + 奶酪

② 全麦吐司 + 鸡蛋 + 羽衣甘蓝 + 番茄 + 奶酪

③ 全麦吐司 + 鸡蛋 + 菌菇 + 橄榄油 + 奶酪

两种能量早餐马芬
Tomato & Ham & Egg Muffin
A. 鸡蛋番茄火腿马芬

Time｜20mins　Serves｜2

Information（一人份）	
蛋白质	15.4 克
脂 肪	14.2 克
碳水化合物	21.5 克
膳食纤维	4.5 克
热 量	275.9 大卡

食 材

鸡蛋··················· 2 个（大个）
燕麦片················· 30 克
火腿··················· 1 片
帕玛森奶酪碎（或其他你喜欢的奶酪）···15 克
番茄··················· 1/4 个（大个）
青椒··················· 1/4 个
洋葱··················· 1/4 个
盐和黑胡椒粉············· 少许
干香草碎··············· 适量
辣椒粉（可不加）········· 少许
橄榄油················· 5 克

做 法

① 烤箱预热 180℃。

② 将鸡蛋打散，将火腿、奶酪、番茄、青椒、红葱头都切成小块，与鸡蛋液混合，加入燕麦片、盐、黑胡椒粉、干香草碎，搅拌均匀。

③ 在马芬模具内壁均匀涂抹橄榄油，倒入②中混合蛋液，可根据个人喜好撒少许辣椒粉，然后放入烤箱，180℃烘烤 20 分钟即可。

Quinoa & Egg & Spinach Muffin

B. 鸡蛋藜麦菠菜马芬

Time | 20mins   Serves | 1

Information（一人份）	
蛋白质	24.7 克
脂 肪	20.1 克
碳水化合物	23.7 克
膳食纤维	2.1 克
热 量	374.7 大卡

做 法

① 烤箱预热 180℃。

② 将鸡蛋打散，菠菜、甜椒、小米椒切成小块，与鸡蛋液混合，加入牛奶、盐、黑胡椒粉、奶酪碎，继续搅拌均匀。

③ 在马芬模具内壁均匀涂抹橄榄油，倒入②中混合蛋液，放入烤箱，180℃烘烤 20 分钟即可。

食 材

鸡蛋 ·	2 个
藜麦（熟）· ·	30 克
菠 菜 ·	30 克
甜椒 ·	1/4 个
小米椒 ·	1 根
牛奶 ·	50 毫升
盐和黑胡椒粉 · · · · · · · · · · · · · · · · · ·	少许
帕玛森奶酪碎 · · · · · · · · · · · · · · · · · ·	10 克
橄榄油 ·	5 克

Homemade Low-calorie Granola
自制低卡格兰诺拉

Time | 40mins Serves | 7

Information（一人份）	
蛋白质	9.1 克
脂 肪	10.4 克
碳水化合物	36.0 克
膳食纤维	5.0 克
热 量	256.6 大卡

食 材

A

燕麦片·······································250 克

无盐综合坚果仁（扁桃仁、腰果、核桃仁、开心果仁、南瓜
子）·······································150 克

B

蔓越莓干·································10 克

葡萄干·······································10 克

C

椰子干·······································15 克

肉桂粉·······································5 克

可可粉·······································5 克

椰子油·······································10 克

做 法

① 将 A 中食材全部切碎，加入 C，混合均匀，放入预热至 160℃
的烤箱，烘烤 20 分钟。

② 将 B 中食材也切碎，与烤好的①混合均匀，即可放入密封容器
中保存。

Tips

① 常温密封可保存两周。

② 非常适合搭配酸奶或牛奶享用，早餐来不及做时，取两大勺自己做的格兰诺拉麦片，搭

配一碗酸奶，就能充满能量。

Chicken & Vegetables Fried Lentils

杂粮杂蔬鸡肉炒饭

Time｜30mins Serves｜2

Information（一人份）	
蛋白质	19.6 克
脂 肪	15.4 克
碳水化合物	51.1 克
膳食纤维	6.3 克
热 量	423.8 大卡

食 材

A 煎鸡胸用

鸡胸肉·······················1 块（约 200 克）
蜂蜜··································5 克
柠檬·································半个
盐···································少许
橄榄油································5 克

B 炒饭用

小扁豆······························50 克
糙米·······························50 克
藜麦·······························50 克
西蓝花·······························3 朵
胡萝卜·······························半根
芹菜叶·······························一把
孜然·································3 克
咖喱粉································3 克
大蒜粉································3 克
盐和黑胡椒粉···························少许
橄榄油································5 克

做 法

① 腌渍鸡胸：将 A 中除鸡胸以外的食材混合均匀；取一只保鲜盒或密封袋，将鸡胸肉放入，再倒入混合好的腌渍汁，如果着急做就腌渍 30 分钟左右，不急的话可以冰箱冷藏腌渍过夜。

② 煎鸡胸：将腌好的鸡肉取出，从侧面剖成两片，平底锅开中低火，倒入少许油，放入鸡肉，一面煎 3~5 分钟后翻面，再煎 3~5 分钟即可。其间撒少许盐和黑胡椒粉。

③ 炒饭：将小扁豆、糙米、藜麦混合，提前煮熟；将西蓝花、胡萝卜切成碎丁；平底锅开中火，倒入少许橄榄油，放入胡萝卜丁翻炒至半熟，下入西蓝花丁继续翻炒至熟，加入煮好的杂粮饭，快速和蔬菜翻炒均匀，加入咖喱粉、盐、黑胡椒粉和大蒜粉，翻炒至米饭均匀上色，出锅前加芹菜叶，快速翻炒一下即可出锅。

Chilli Tomato Chicken

辣味番茄炖鸡块

Time | 40mins   Serves | 2

Information （一人份）	
蛋白质	20.1 克
脂 肪	9.3 克
碳水化合物	6.8 克
膳食纤维	0.8 克
热 量	221.1 大卡

食 材

鸡腿肉丁（去皮）	200 克
番茄	1 个
洋葱	半个
蒜	1 瓣
小米椒	2 根
甜椒（黄色）	半个
芹菜叶	1 把
新鲜罗勒叶	1 把
盐和黑胡椒粉	少许
红酒	50 毫升
柠檬	1 角
橄榄油	10 毫升

做 法

① 将所有蔬菜洗净，番茄切小块，装在碗中备用；洋葱切丝，蒜切碎末，小米椒切成小段，芹菜叶粗粗切碎，甜椒切丁。

② 平底锅中火加热，倒入橄榄油，放入洋葱丝，煎至半透明，下入甜椒、蒜、小米椒和鸡肉丁，转大火快速翻炒至鸡肉半熟，转小火，加入番茄和红酒，将番茄捣烂，与鸡肉混合均匀，加入盐、黑胡椒粉，小火炖煮 20 分钟后，加入芹菜叶、罗勒叶，略微混合，即可出锅，享用前挤上适量柠檬汁会更好吃。

Steamed Vegetables & Sauces

蒸蔬菜 + 自制调味汁

Time | 30mins Serves | 3

Information（一人份）	
蛋白质	2.8 克
脂 肪	0.4 克
碳水化合物	18.6 克
膳食纤维	1.9 克
热 量	89.1 大卡

蒸蔬菜

【 食 材 】

红薯·····························100 克
南瓜·····························100 克
马铃薯·····························100 克
胡萝卜·····························100 克
西蓝花·····························100 克

【 做 法 】

在上述食材中任选 2~3 种，将其切成尽可能均等的块状，放入蒸锅内，一起蒸 20 分钟即可。

7 Healthy Dressings
7 种自制健康调味汁

A 酸奶芥末酱汁
酸奶 30 克 + 颗粒芥末酱 10 克 + 柠檬汁 5 克 + 盐 1 克

B 中式调味汁
酱油 5 克 + 香醋 5 克 + 香油 2 克 + 小米椒（切圈）1 根

C 泰国风味调味汁
鱼露 2 克 + 薄荷叶 1 把 + 芹菜叶 1 把 + 橄榄油 10 克 + 青柠汁 5 克 + 盐和黑胡椒粉少许

D 柠檬芥末油醋汁
橄榄油 10 克 + 第戎芥末酱 10 克 + 柠檬汁 5 克 + 盐 1 克

E 清爽芝麻酱汁
香油 5 克 + 酱油 5 克 + 橙汁 5 克 + 白醋 3 克 + 蒜（切末）1 瓣 + 白芝麻碎少许

F 咖喱风味酱汁
酸奶 30 克 + 甜椒（切碎）10 克 + 小米椒（切圈）1 根 + 咖喱粉少许 + 橄榄油 5 克 + 柠檬汁 5 克 + 干香草碎适量 + 盐和黑胡椒粉少许

G 简易莎莎酱汁
番茄（切碎）半个 + 生姜（切末）约拇指大小 + 柠檬汁 5 克

Roasted Tofu & Vegetables Salad
香烤蔬菜豆腐沙拉

Time | 30mins   Serves | 1

Information （一人份）	
蛋白质	23.9 克
脂 肪	17.4 克
碳水化合物	14.8 克
膳食纤维	9.9 克
热 量	320.3 大卡

食 材

杂菇（口蘑、平菇、杏鲍菇、滑菇、蟹味菇皆可）··100 克
芦笋···································100 克
羽衣甘蓝······························100 克
樱桃番茄······························5 颗
豆腐·································100 克
盐和黑胡椒粉·························适量
咖喱粉·······························少许
大蒜粉·······························少许
帕玛森奶酪碎·························10 克
柠檬································1 角
橄榄油·······························10 克

做 法

① 将所有蔬菜洗净并沥干水分，杂菇用手撕碎，芦笋切成成段，羽衣甘蓝撕成小块，樱桃番茄对半切开；将豆腐沥干水分，切成约 1 厘米厚的片状。

② 将杂菇、芦笋、樱桃番茄和 1/2 的羽衣甘蓝放入大盆中，将 5 毫升的橄榄油与柠檬汁、盐和黑胡椒粉混合均匀成调味汁，倒入大盆中，与蔬菜拌匀。

③ 将②中蔬菜和豆腐放入烤盘内平铺开，豆腐表面撒适量盐、黑胡椒粉、咖喱粉和大蒜粉，放入预热至 180℃的烤箱中，烘烤 20 分钟。

④ 将烤好的蔬菜装入盘中，与新鲜羽衣甘蓝叶混合，然后码上豆腐，再撒适量帕玛森奶酪碎即可。

Lemon Flavor Steamed Salmon

香蒸柠檬三文鱼

Time | 30mins   Serves | 2

Information（一人份）	
蛋白质	36.2 克
脂 肪	17.9 克
碳水化合物	4.4 克
膳食纤维	0.2 克
热 量	356.5 大卡

食 材

三文鱼·······················两块（每块约 200 克）
紫洋葱···························1/2 个（小个）
柠檬·································1 个
茴香·································少许
白葡萄酒·····························100 毫升
颗粒芥末酱···························30 克
酸奶·································30 克
蜂蜜·································3 克
盐和黑胡椒粉···························少许

做 法

① 将紫洋葱切丝，柠檬切片，码放在可入蒸锅的深盘中，撒上一半的茴香碎，倒入白葡萄酒，再码放上三文鱼肉，鱼肉上面再撒上剩余的茴香碎、盐和黑胡椒粉，将整个盘子放入蒸锅中，小火蒸 20 分钟。

② 同时将颗粒芥末酱与酸奶、蜂蜜、盐和黑胡椒粉混合均匀，作为鱼肉的搭配酱汁，浇在蒸好的三文鱼肉上，即可享用。

Healthy Sukiyaki
日式暖锅

Time | 30mins　Serves | 1

Information（一人份）	
蛋白质	34.6 克
脂 肪	6.4 克
碳水化合物	17.4 克
膳食纤维	8.5 克
热 量	265.2 大卡

食 材

魔芋结·····························100 克
牛肉片·····························100 克
豆腐·······························1/4 块
茼蒿·······························100 克
杂菇·······························100 克
胡萝卜······························1/4 根
大葱·······························1/4 根
木鱼花······························1 把
酱油·······························20 克
水································300 毫升
盐和黑胡椒粉·······················少许

做 法

① 将魔芋结用热水烫一下，沥干水分，去除异味；所有蔬菜洗净，
茼蒿和大葱切段，杂菇撕开，胡萝卜切片，豆腐切小块。
② 取一只砂锅或煮锅，加入水、酱油、胡萝卜、杂菇、葱，中火
煮沸后下入魔芋结、豆腐，转小火煮 10 分钟后加入牛肉、茼蒿，
再煮 5 分钟后加入盐、黑胡椒粉、木鱼花，拌匀后再略微煮一下
即可关火。

Single Diet Meal Set

我的一人瘦身定食

Yimi | text & photo

PROFILE

Yimi

美食作者，公众号"厨娘心事"主理人。

不知不觉就已经到了中年啦！

念书的时候，经常听说人在 30 岁之后，新陈代谢的速度逐渐变慢，就算和青春期吃一样的东西，体重和体型还是会慢慢地发生改变。

不过，从我自己大学毕业十年的实际情况来看，却完全不是这样。

我身高 167 厘米，体重基本维持在 54 公斤。

因为工作的关系，我平时的饭局不少，运动的机会也不多。但我唯一能坚持的事情是，抓住一切自己做饭的机会。

因为一个人住，所以偏爱做一些不用大油锅且做法简单的料理。具有日式风格的家常简餐，我就经常做。我完全不挑食，并且非常爱吃蔬菜。自己做饭调味清淡，喜欢吃到食物本身的质感和味道。

Fried Vegetables & Konjak Noodles
主食：杂菜炒魔芋丝

Time | 15min   Serves | 1

食 材

魔芋丝	一袋（330 克）
肥牛片	100 克（约 5 大片）
胡萝卜	25 克（1/4 根）
韭菜	15 克（3 根）
香菇	20 克（中等大小 2 朵）
大蒜	2 瓣
生抽	2 汤匙
糖	1 茶匙
味啉	1 汤匙
芝麻油	2 汤匙
熟白芝麻	适量

Tips

芝麻油高温加热容易发黑，注意控制火候。用不粘锅做这道菜，能大大提升成功率哟。

做 法

① 将魔芋丝过水冲洗后滤干水分；香菇洗净去梗、胡萝卜洗净去皮，分别切丝；韭菜切成约长 5 厘米的小段。大蒜切末。

② 锅中加入芝麻油微微烧热，转中小火，下肥牛片炒至变色后，加入味啉、酱油、糖和蒜末，用筷子翻炒几下。

③ 加入魔芋丝和胡萝卜，用筷子翻炒拨散魔芋丝，翻炒至均匀上色时，加入香菇，继续翻炒均匀，最后加入韭菜，快速拌炒一下，最后撒入白芝麻即可出锅装盘。

Okra Tofu Salad

配菜：秋葵冷豆腐

Time | 10min   Serves | 1

食材

内酯豆腐 / 绢豆腐·····························175 克
秋葵··2~3 根
姜末··少许
木鱼花··少许
减盐酱油······································1 汤匙

做法

① 小锅中加水煮开，加少许盐，然后放入洗净的秋葵汆烫 40 秒。
捞出后过凉开水，然后切成 1 厘米长度的小段。
② 将豆腐从盒中小心取出，放在熟食砧板上，然后用煮过秋葵的
热水冲淋豆腐表面，以去除豆腥味。
③ 用刀沿豆腐底部轻轻托起，转移到碗中，上面放上秋葵、姜末、
木鱼花，淋上少许酱油，即成。

Tips

① 如果讨厌生姜味，也可以不放。
② 一盒豆腐通常是 350 克。我会一次性做成两份，另一份放进冰
箱下一顿吃掉。

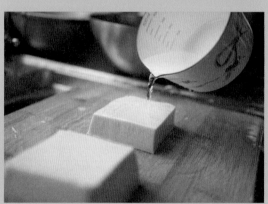

Nameko & Clams Miso Soup

汤：蟹味菇花蛤味噌汤

Time｜15min　Serves｜1

Tips

如果觉得处理活蛤蜊麻烦，也可以在网上购买速冻的熟食带壳蛤蜊，日常煮汤用很方便。

食 材

蟹味菇 ·	70 克
新鲜蛤蜊 · · · · · · · · · · · · · · · · · ·	150 克（约 10 只）
白味噌 ·	1 茶匙
米酒 ·	1 茶匙
饮用水 ·	500 毫升
小葱末 ·	少许

准备工作

① 蟹味菇切去根部后，用水冲洗干净。

② 蛤蜊买来后在淡盐水中养一个小时吐沙。

③ 小葱切末，备用。

做 法

① 锅中加入饮用水和蟹味菇，中火煮至水开。

② 倒入洗净的花蛤和一茶匙米酒，大火煮至壳全部张开。

③ 转小火，舀一茶匙味噌在细网漏勺中，把漏勺浸在煮开的水中。用茶匙轻轻搅拌，至味噌全部融入水中。关火，撒入葱花即成。

How To Make Powerful Morning Smoothies?

晨间能量果蔬汁指南

拉里 | edit & recipe

珍珍 拉里 | photo

说起果蔬汁，常见的两个误区是：

1. 认为果蔬汁就是果汁。

2. 认为果蔬汁可以代餐。

首先，果蔬汁不等于果汁。纯果汁含糖量过高，不建议减肥健身人士饮用。而果蔬汁，是将蔬菜、水果、蛋白质食材、脂肪类食材及其他风味食材，以较均衡的比例组合在一起，搅打而成的能量饮品。

当然，为了搅打更顺畅和口感更顺滑，也要加入一定比例的液体，比如矿泉水、椰子水、牛奶、豆浆、杏仁奶、椰奶等，都是常见的液体选择。

其次，大多数果蔬汁不可以代餐。虽然一杯营养和风味搭配合理的果蔬汁，相对于其他饮品来说，包含较多的碳水化合物、蛋白质、脂肪、膳食纤维及各种维生素与矿物质元素，且能起到一定的饱腹作用，但如果是作为一顿正餐，还是很有可能在必需营养素的摄入量上有所欠缺。

因此，我们的建议是将果蔬汁作为营养辅助饮品，当正餐中的营养摄入严重不足时，可以用一杯果蔬汁快速进行补充。而且，搭配合理的果蔬汁风味也很不错，早晨来一杯，或许可以唤醒身体、满足味蕾。

怎样才能做出这样一杯营养、味道都不错的果蔬汁呢？只需参考下面的公式即可：

Vegetables

蔬菜

羽衣甘蓝、生菜、番茄、胡萝卜、芹菜、黄瓜、菠菜

蔬菜通常膳食纤维丰富，同时富含多种维生素与矿物质，但在选择时应尽量选择含糖量少、整体营养密度较高且适合生食榨汁的食材，比如羽衣甘蓝、生菜、番茄、胡萝卜等。

芹菜、黄瓜、菠菜也是果蔬汁的常见角色，不过，很多人以为芹菜膳食纤维含量极高，有"清肠"功效，其实是误解。芹菜的膳食纤维含量和其他叶菜相比十分"平庸"，口感上的"纤维感"并不等同于"膳食纤维"，这个道理也适用于其他食材。

黄瓜虽然大部分是水分，营养密度不是很高，但贵在它含有一种特别的抗氧化成分，并且风味清爽。

菠菜营养丰富，但因含有较多草酸，其实不是十分适合生食。不过如果有时间的话，可以提前将菠菜浸泡半小时，能去除较多的草酸，用这样处理后的菠菜来搅打成果蔬汁饮用，就会健康许多。

羽衣甘蓝是近几年的明星食材，仔细看过它的营养信息后会发现，它并非"浪得虚名"。相较于其他绿叶蔬菜，羽衣甘蓝的维生素A、维生素C、叶酸、钙含量等都很突出。

Fruits

水果

蓝莓、树莓、草莓、猕猴桃、苹果、橙子、菠萝、香蕉

浆果类（如蓝莓、树莓、草莓等）都含有较多的抗氧化物质，且含糖量较低，滋味酸甜，适宜生食。

猕猴桃是营养密度很高的水果，和其他水果相比，维生素与矿物质含量均衡且丰富，含糖量却不会过高。风味也很独特，适合搭配各种绿色蔬菜，搅打成唤醒身心的"绿色果蔬汁"。

苹果的含糖量较高，但升糖指数低，不会引起血糖的快速上升。各种维生素和矿物质含量也较高，风味和口感也和其他食材百搭，是沙拉和果蔬汁的常见角色。

橙子和柠檬之类的柑橘类水果，常给人一种维生素 C 含量极高的"假象"。事实上，它们的维生素 C 含量未必

比某些蔬菜高，比如甜椒，和其他真正富含维生素 C 的水果相比也只能算是中等。不过，橙子和柠檬中含有很多对人体有益的有机酸及特别的抗氧化物质，再加上令人愉悦的风味，果蔬汁里加上它们，喝起来身心都会愉快。

菠萝的升糖指数偏高，不过热量比刚才提到的蓝莓、树莓、猕猴桃、苹果、橙子都要低。同时它含有一种特别的菠萝蛋白酶，有助于体内蛋白质的消化分解。菠萝也是提升果蔬汁风味的"利器"，虽然和很多水果相比它的含糖量不算很高，但只要加了它，就能体会到夏日的甜蜜。

香蕉算是热量、含糖量都较高的水果，不过升糖指数较低，且含钾量非常丰富。尤其适合健身人士在运动前后食用，可以快速补充能量以及运动中流汗时流失的钾元素。

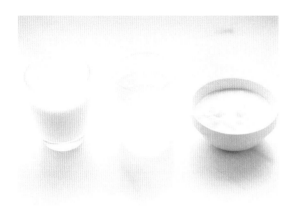

Proteins

蛋白质类食材

椰子水、椰奶、牛奶、杏仁奶、豆浆等

Fats

脂肪类食材

鳄梨、坚果类等
脂肪类食材容易带来高热量，一定要注意用量。

Flavors

其他风味食材

可可粉、辣椒粉、抹茶粉等
风味食材只需少量添加即可。

Super Foods

其他能量食材

亚麻籽、奇亚籽、燕麦片等
亚麻籽和奇亚籽等种子食材，胜在富含蛋白质和 ω-3 等
人体必需脂肪酸。不过热量也很高，每次只需少量添加。
燕麦片之类的全谷物食材，富含膳食纤维，有助于降血脂、
降坏胆固醇和增强饱腹感。

Fruit And Vegetable Smoothies
一周功能型早餐果蔬汁

Monday 周一

Kale Pineapple Blueberry Smoothie
羽衣甘蓝菠萝蓝莓酸奶

■ 亮点：维生素 C、维生素 A、维生素 K、膳食纤维、花青素、叶酸、钙、蛋白质、乳酸菌、菠萝蛋白酶等

■ 关键词：抗氧化、补钙、促进胃肠活动、美白

■ 颜色：薰衣草紫

Information	
蛋白质	3.0 克
脂 肪	1.2 克
碳水化合物	13.0 克
膳食纤维	2.9 克
热 量	78.1 大卡

食 材

冷冻菠萝·······················50 克
新鲜羽衣甘蓝···················30 克
冷冻蓝莓·····················约 20 颗
酸奶··························2 汤匙
水························200 毫升

做 法

① 将冷冻蓝莓、菠萝提前 5 分钟从冰箱中取出，稍事解冻；羽衣甘蓝清洗干净，粗沥水分。

② 如果是用随身杯型的搅拌机，将食材按照这个顺序放入搅拌杯中：冷冻菠萝、冷冻蓝莓、羽衣甘蓝、酸奶、水。如果是用普通搅拌机，则将顺序反过来，总之，确保刀片最先接触的是水、酸奶和羽衣甘蓝，更易于搅打。

③ 按下启动键，搅打至大致顺滑即可，建议保留一定的纤维质地。

Kiwi Kale Mint Smoothie
猕猴桃羽衣甘蓝薄荷椰子水

■ 亮点：维生素 C、膳食纤维、叶酸、钙、钾、蛋白质等

美白、促进胃肠活动、补水、平衡电解质

■ 颜色：奇异果绿

Information	
蛋白质	3.9 克
脂 肪	0.8 克
碳水化合物	26.84 克
膳食纤维	4.4 克
热 量	135.0 大卡

食 材

冷冻猕猴桃·····································一个
新鲜羽衣甘蓝·································50 克
椰子水·······································200 毫升
新鲜薄荷叶·······························适量

做 法

① 将冷冻猕猴桃块提前 5 分钟从冰箱中取出，略微解冻。
② 羽衣甘蓝和薄荷叶洗净，沥去多余水分，羽衣甘蓝撕成小片。
③ 将猕猴桃、羽衣甘蓝、薄荷叶按顺序放入搅拌机，刀片最先接触的应是薄荷叶和羽衣甘蓝，最后倒入椰子水，开始搅打至大致顺滑即可。

Wednesday 周三

Berries & Oats Smoothie
草莓树莓燕麦豆乳

■ 亮点：维生素 C、维生素 E、维生素 A、膳食纤维、
蛋白质、钾、大豆蛋白、SOD（超氧化物歧化酶）等

■ 关键词：增强饱腹感、代餐、美白、平衡电解质

■ 颜色：少女粉

Information	
蛋白质	8.8 克
脂 肪	3.8 克
碳水化合物	34.1 克
膳食纤维	8.8 克
热 量	205.9 大卡

食 材

冷冻草莓（切块）· ·80 克
冷冻树莓· ·80 克
燕麦片· 30 克
无糖豆乳· ·200 毫升

做 法

① 将冷冻草莓（切块）、冷冻树莓提前 5 分钟取出，略微解冻。
② 将冷冻草莓、树莓、燕麦片依次放入搅拌杯中，确保刀片最先
接触燕麦片，然后倒入豆乳，搅打顺滑即可。

Thursday 周四

Tomato Carrot Apple Smoothie
番茄胡萝卜苹果椰子水

■ 亮点：番茄红素、胡萝卜素、维生素 A、维生素 E、
维生素 C、膳食纤维、钾、蛋白质、SOD（超氧化物
歧化酶）等

抗氧化、美白、促进肠胃活动

颜色：落日橙红

Information	
蛋白质	2.3 克
脂 肪	0.5 克
碳水化合物	31.6 克
膳食纤维	3.3 克
热 量	141.2 大卡

【食 材】

冷冻樱桃番茄····························100 克
冷冻胡萝卜（切丝）····················50 克
冷冻苹果（切块）······················80 克
椰子水································200 毫升

【做 法】

① 将冷冻樱桃番茄、胡萝卜、苹果提前 5 分钟取出，室温下略微
解冻。
② 将冷冻苹果、冷冻樱桃番茄、冷冻胡萝卜放入搅拌杯中，确保
刀片最先接触胡萝卜。然后倒入椰子水，开始搅打，至大致顺滑
即可。

> ### Friday 周五

Kale Avocado Apple Matcha Smoothie
羽衣甘蓝鳄梨苹果抹茶椰子水

■ 亮点：维生素 C、维生素 A、维生素 E、维生素 K、钙、钾、叶酸、膳食纤维、茶多酚、必需脂肪酸、蛋白质、有机酸等

■ 功效：抗氧化、清除自由基、延缓衰老、促进消化、增强饱腹感

■ 颜色：元气绿

Information	
蛋白质	4.1 克
脂 肪	6.5 克
碳水化合物	26.9 克
膳食纤维	5.5 克
热 量	181.2 大卡

食 材

新鲜羽衣甘蓝·························· 50 克
新鲜鳄梨··························1/4 个
冷冻苹果（切块）·················· 80 克
抹茶粉··························2~3 克
椰子水··························200 毫升

做 法

① 将冷冻苹果提前 5 分钟从冰箱中取出，室温下略微解冻。
② 将新鲜羽衣甘蓝洗净，沥去多余水分，撕成小片；将鳄梨去皮去核，果肉切成小块。
③ 将冷冻苹果、鳄梨、羽衣甘蓝放入搅拌机中，确保刀片最先接触的是羽衣甘蓝。然后加入抹茶粉和椰子水，开始搅打，至大致顺滑即可。

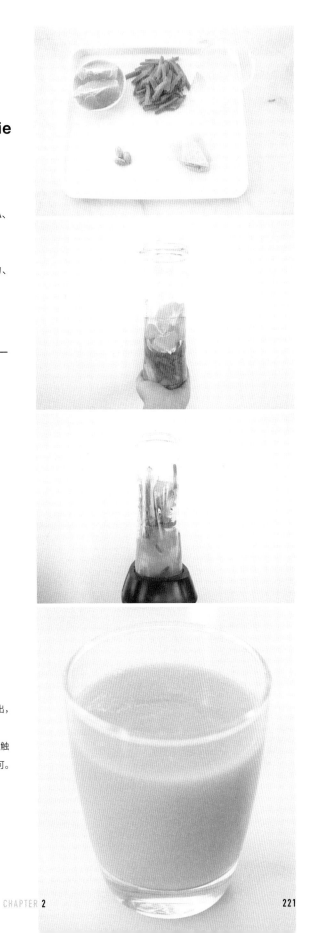

Saturday 周六

Orange Carrot Pineapple Smoothie
橙子胡萝卜菠萝椰子水

■ 亮点：维生素 C、生物类黄酮、胡萝卜素、维生素 A、
菠萝蛋白酶、蛋白质、必需脂肪酸等

　　　抗氧化、清除自由基、延缓衰老、保护视力、
促进消化、增强饱腹感

■ 　　活力橙

Information	
蛋白质	2.1 克
脂 肪	4.1 克
碳水化合物	34.3 克
膳食纤维	4.6 克
热 量	184.5 大卡

食 材

冷冻橙子（果肉、切块）······················1/2 个

冷冻胡萝卜（切丝）······················50 克

冷冻菠萝（切块）······················ 40 克

椰子水······························200 毫升

扁桃仁······························ 3 颗

做 法

① 将冷冻橙子、冷冻胡萝卜、冷冻菠萝提前 5 分钟从冰箱中取出，
室温下略微解冻。

② 将冷冻菠萝、橙子、胡萝卜放入搅拌杯中，确保刀片最先接触
胡萝卜丝。然后加入扁桃仁和椰子水，开始搅打，至大致顺滑即可。

Sunday 周日

Kale Blueberry Banana Cocoa Smoothie
羽衣甘蓝蓝莓香蕉可可椰子水

■ 亮点：维生素 E、维生素 A、钾、叶酸、花青素、黄烷醇、必需脂肪酸、蛋白质等

■ 关键词：抗氧化、清除自由基、延缓衰老、平衡电解质、增强饱腹感

■ 颜色：能量黑

Information	
蛋白质	4.5 克
脂　肪	0.7 克
碳水化合物	26.6 克
膳食纤维	3.2 克
热　量	133.0 大卡

【 食　材 】

新鲜羽衣甘蓝·····························50 克
冷冻蓝莓·······························10 颗
冷冻香蕉······························ 1/4 根
可可粉······························· 3~5 克
椰子水·····························200 毫升

【 做　法 】

① 将冷冻蓝莓、冷冻香蕉提前 5 分钟从冰箱中取出，室温下略微解冻；将新鲜生菜洗净，沥去多余水分，撕成小片。
② 将冷冻香蕉、冷冻蓝莓、生菜放入搅拌杯中，确保刀片先接触生菜叶。然后加入可可粉和椰子水，开始搅打，至大致顺滑即可。

Why Do We Should Be Careful About Sugar?

我们为什么要"控糖"？

拉里 | text & edit

雨子酱 | illustration

Unsplash | photo

Sugar

减肥爱好者们，总是在寻找更新更"好"的减肥饮食法。

有人尝试低脂肪减肥法，有人尝试相对极端的低碳水减肥法（比如阿特金斯减肥法和哥本哈根减肥法），有人尝试高脂肪低碳水减肥法（比如生酮饮食法），还有更极端者，尝试断食法。

无论极端与否，这些方法的根本目的不外乎是减少脂肪囤积。即使是高脂肪饮食模式的生酮饮食，目的也是为了促进脂肪代谢。

然而，比起这些很难坚持，又或许会给身体带来严重危害的极端饮食法，日本近年来流行的一种相对温和的饮食模式，也可以带我们抑制多余脂肪的囤积，促进脂肪的代谢，同时又能轻松实践与坚持。

这就是——控糖饮食法。

从营养学角度来讨论的"糖"，通常是指碳水化合物中的单糖、双糖和糖醇。典型的单糖比如葡萄糖、果糖等，双糖如砂糖中的主要成分蔗糖等，糖醇类如木糖醇等。

不过，在兴起于日本的控糖饮食法中所指的"糖"，包含范围更广：除了单糖、双糖和糖醇，也包括同属于碳水化合物的多糖（如淀粉）和寡糖（又称低聚糖）。简单地说，控糖饮食法中的"糖"＝碳水化合物－纤维素。

之所以要明确这个概念，是因为如果想践行科学、健康的控糖饮食法，不应盲目戒掉一切碳水化合物，而应意识到你需要控制摄入的只是其中的"糖"，而膳食纤维的摄入是无须设限的。不过在英语中，还是通常会将控糖饮食法称作 low-carbohydrate diet（低碳水化合物饮食法）。

一、"糖"是什么？

很多人将"糖"等同于碳水化合物，其实，碳水化合物既包括可作为能量被人体利用的"糖"，也包括无法直接作为能量被利用的纤维素。

二、为什么是控糖而非戒糖？

糖本身无罪。

首先，糖是人类身体、脑部及神经活动的重要能量来源。

● 并非只有甜食或主食才含有碳水化合物，大多数日常食物中都含有碳水化合物

糖本身并非我们发胖的罪魁祸首，"摄入过量"才是。

其次，"戒糖"这一说法并不现实。糖不只存在于碳水类主食、甜点等显而易见的食物中，蔬菜、水果、肉类等，也都可能含有一定量的糖分，换言之，你日常所吃的大部分食物中都含有看不到甚至尝不出的糖分，完全的戒糖是做不到的。

因此，比起"戒糖"，控制糖分摄入量的"控糖"，更为科学合理。

三、控糖饮食法的医学意义

在 2012 年的国际肥胖学会的机构刊物《肥胖评论》（*Obesity Reviews*）中有报告指出，控糖饮食法具有以下 4 点医学意义：

01. 减轻体重
02. 改善血糖水平
03. 改善身体脂肪状态
04. 改善血压状态

那么，为什么说控糖有助于减肥？

首先，当糖分摄入量减少，不足以为身体活动或脑神经活动提供能量时，提供能量的重任就会移交给体内储存的中性脂肪，中性脂肪会被分解并转化为能量。因此，控制糖分摄入有助于促进减脂。

其次，控制糖分摄入，也能起到抑制血糖水平上升的作用。当血糖水平升高时，身体会自动分泌胰岛素来抑制血糖水平，而胰岛素此时的作用原理，是将血液中的糖转化为脂肪。也就是说，如果减少胰岛素的分泌，则有助于抑制更多的糖转化为脂肪，也就起到了一定的防止发胖的效果。

四、控糖饮食法的优缺点

控糖饮食法的优点，其实是方便、易于执行和坚持。大多数想要减肥的人群，都会从"减脂"和"减少热量摄入"两种方式入手。不过，单纯的低卡减肥法其实较难坚持。

一是因为计算每一餐的卡路里数往往令人感觉麻烦，高热量的东西都不敢吃，也会让人餐餐小心翼翼，心态上难以长期坚持。

● 如果想饮酒，蒸馏酒比酿造酒的含糖量更低，比如威士忌、伏特加、金酒等。酿造酒中，干型葡萄酒含糖量也相对较低，可以偶尔饮用

二是如果想通过制造热量差异来减肥，就要令每天摄入总热量低于身体活动所需热量的平均水平，这种时候，身体容易因为能量供给不足而感到饥饿或疲惫，有可能会影响到正常的工作或学习状态，因此也不利于长期坚持。

控糖饮食法相较来说则轻松得多，因为它的主要作用原理是"减脂"，主要关注点并非热量，而是糖分。因此，只需要大致把握和控制高糖分的食物摄入，就能轻松践行。

而且，不像一些较为极端的减肥饮食法中会对某些类别食物的严格戒断，控糖饮食法可选择的食物种类非常丰富，除了糖分偏高的糖果、甜点、含糖饮料等，肉、鱼、蛋、蔬菜、豆类、奶制品等都可以吃，水果也可以适量摄入。甚至是酒类，也可以适当饮用烧酒、威士忌、白兰地等蒸馏酒类，或者含糖量较低的干型葡萄酒。所以，每餐都可以吃得心满意足，不用忍受挨饿的痛苦，也就更易于心情愉快地长期坚持。

若说缺点，作为脑部活动重要能量来源的营养素的糖的摄入量突然被减少时，或许会令我们一时产生一些无力感、倦怠感等，这时尤其需要注意的是其他营养素的足量补充，比如脂肪和蛋白质，只要确保了它们的充足摄入，就不易出现倦怠无力等不良反应。

五、控糖饮食法的具体践行方式

说了这么多，控糖饮食法具体应该怎样执行？

日本控糖饮食法先驱、高雄医院现任院长江部康二，介绍了三种可以采用的控糖饮食模式：

1. 超级控糖饮食：
要求三餐都不能吃主食。效果显著，最为推荐。每一餐的糖分摄取量应控制在 20 克以下。
2. 标准控糖饮食：
要求一天只能有一餐可以吃少量主食（且只能是早餐或午餐，晚餐仍需避免主食）。
3. 基础控糖饮食：
只要求晚餐不吃主食，早餐和午餐都可以吃少量主食。适合淀粉类食物爱好者。
这其中的前两种，主要面向糖尿病患者和追求快速减肥效果的人群。不过面向一般大众，第三种更为温和，且更易于实践和坚持。

如果采用第三种，则可以参考日本的食·乐·健康协会给出的建议：一餐的糖分摄入量应控制在 20~40 克，含茶歇零食等在内，一天的总糖分摄入量尽量控制在 70~130 克以内。

可能有人会说，这不是还是需要计算？的确，在刚开始实践控糖饮食的初期，因为对常吃的食材含糖量还不够熟悉，确实需要稍加查询和计算。

不过，当这种饮食践行一周左右，你就会对自己日常常吃的食物含糖量有大致了解了，因为含糖量较高的主要是主食类、薯类、个别含糖较高的蔬菜（如玉米、胡萝卜、南瓜等），以及应尽量少吃的甜点、应尽量不喝的含糖饮料。这些类别仅占所有食物类别中的一部分，相对容易判断和记忆，所费的脑力要比计算所有食物的热量轻松得多。

另外，以下这几条提示，也有助于让你更轻松、无压力地实践基础控糖饮食：

晚餐去掉主食，早餐、午餐正常吃。同时注意，早、午餐也应尽量控制糖分过高的食材摄入量，比如以下这些：

主食类： 白米饭、白吐司面包、面条、玉米片等精加工主食。

薯芋类： 马铃薯、红薯、紫薯、芋头等淀粉含量较高的薯芋类。

其他蔬菜： 玉米、胡萝卜、莲藕、南瓜、洋葱、荸荠等。

水果类： 香蕉、苹果、菠萝、西瓜、哈密瓜、梨子、葡萄等甜度较高的水果。

调味料类： 料酒、蚝油、番茄酱等含糖较高的调味料，以及佐餐用的果酱、部分含糖较高的市售沙拉酱汁等。

甜点类： 大部分蛋糕、饼干都含糖量过高。

其他：

① 还有一些食材，看似清爽素淡，实则含糖量不低。比如粉丝类，不管是绿豆粉、红薯粉还是土豆粉，它们的主要成分几乎都是碳水化合物。如果想吃粉面类，可以适当减少摄入量，或者用蒟蒻丝替代。

② 吃火锅或关东煮时常见的鱼丸、鱼豆腐、竹轮等加工食物，因为使用了很多面粉，也都属于含糖量很高的食物，需要格外注意。

③ 一些罐装食品的含糖量也需注意，为了便于长期保存，这类食品往往会被添加大量糖、盐或油分。

④ 风干食材也需注意。与新鲜食材相比，同等重量下通常风干食材的含糖量更高，因为水分蒸发，糖分更加凝聚。比如 100 克新鲜萝卜含糖 1.2 克，而 100 克的萝卜干含糖量约为 47 克。因此要注意蔬菜干、水果干等的摄入量。

以上这些食材，并非需要完全回避，而是要控制摄入量。比如一碗 150 克的米饭糖量就已达到 55.2 克，远超控糖饮食中的一餐建议摄糖量 20~40 克，因此可以将米饭分量减半，比如一餐吃半碗饭（约 75 克）。或者将一半白米替换为大麦，也能减少一些糖分。或配菜中再注意减少含糖量高的那几种蔬菜，多吃叶菜、菌类、大豆制品、乳制品、肉、蛋、海产品等，就能轻松将一餐的摄糖量控制在 40 克以内。

控制以上食材摄入量的同时，可以用以下这些含糖量较低的食材补足：

肉类： 猪肉、牛肉、鸡肉都可以。
海产类： 鱼、海鲜、紫菜、海苔类等。
绿色黄色蔬菜： 如卷心菜、生菜、菠菜、油菜、茼蒿、芹菜、白菜等。
菌菇类·蒟蒻类： 香菇、杏鲍菇、口蘑、平菇、蟹味菇等；魔芋丝、魔芋块等。
大豆类及大豆制品： 黄豆、毛豆、豆腐、豆奶等。
奶酪类·蛋类： 切达奶酪、奶油奶酪、帕玛森奶酪等；鸡蛋。
水果类： 草莓、蓝莓、树莓、牛油果、樱桃（偏酸的类型）、李子。
坚果类： 扁桃仁、腰果、开心果、南瓜子、核桃等。

* 坚果类含糖量虽不高，但通常热量较高，需控制食用量。 以下为常见坚果的含糖量及热量表：			
名称	份量（克）	含糖量（克）	热量（大卡）
扁桃仁（原味）	10 颗（约 15 克）	1.6	90
腰果	5 颗（约 10 克）	2	60
南瓜子	1 汤匙（约 7 克）	0.3	40
开心果	10 颗（约 8 克）	0.9	50
核桃仁	10 颗（约 20 克）	0.8	140

○ 坚果作为加餐虽然比较低糖，但热量很高，需要注意摄入量

2 三餐之间还可以加餐，允许自己吃些零食。在正餐之间吃点零食其实也有助于控制我们的饥饿感和食欲，防止正餐时吃得过多。不过要有选择，以下这些零食每份都约为 100 大卡，同时糖分较低：

无糖酸奶 160 克

水煮毛豆 1/2 杯

鳄梨 1/2 个

蓝莓 1 杯

扁桃仁 15 颗

花生酱 15 克

全蛋 1 个 + 蛋白 1 个

黄瓜 100 克 + 奶油奶酪 30 克 + 火腿 1 片

90% 可可脂巧克力

3 多吃蛋白质类食材。控糖饮食不等于低卡饮食，践行控糖饮食法时格外需要注意的是摄入充足的蛋白质。蛋白质对于人体脏器的正常运转和肌肉形成十分重要，为了填补由于控糖而减少摄入的能量，比起脂肪，蛋白质类食材是更佳的候补选手。毕竟我们控糖的目的也是为了减脂。充足的蛋白质摄入也有助于塑造肌肉，肌肉的增加既有助于塑形，也能提高我们的基础代谢水平。

尤其是每餐的主菜，应尽可能使用高蛋白食材，比如肉、海产品、豆类及豆制品、蛋、奶酪等乳制品等。其中鸡蛋的营养价值很高，一颗鸡蛋却仅含 0.2 克糖分。豆类及豆制品等植物性蛋白质食材，也同时含有丰富的维生素、矿物质、膳食纤维等营养成分，也有利于膳食营养的均衡。

减掉的主食也可以用其他蛋白质类食物替换，比如 1/4 块豆腐，就能提供约等于 50 克米饭的能量，且含糖量仅为 0.9 克。

4 多吃菌类·藻类·蒟蒻类食物。菌菇类食材中富含鲜味成分，口感也不错，且糖分几乎为 0，是非常棒的控糖食材。海藻类（比如紫菜、海苔）、蒟蒻类食物中则富含膳食纤维，对于抑制血糖水平很有效果，同时食材本身含糖量也较低，比如一块约 250 克的蒟蒻中含糖量仅为 0.3 克。

5 尽量自己做饭。只有自己做，才可以自由选择健康的烹饪方式和尽可能低糖的食材与调味料。

除了水，其他饮品选择含糖量较少的。市售果汁大多含有较多糖分，不推荐饮用，想喝果汁的话推荐自己制作果蔬汁。酿造酒类也通常含有大量糖分，比如啤酒、中式白酒、米酒、日式清酒、甜型葡萄酒等。如果实在想喝酒，或者参加聚会时不得不喝一些，可以少量饮用威士忌、白兰地、烧酒、金酒、伏特加等含糖量几乎为0的蒸馏酒，或是含糖量较低的干型葡萄酒。

另外推荐饮用不含糖的茶类饮品，比如红茶、绿茶、大麦茶等。

六、"0 糖分""无糖""不含糖" = 减肥？

首先，这些食物中的糖分未必为0。通常情况下，当100克（毫升）食物中糖类物质含量低于 0.5 克时，就可以标为"无糖"。

另外，为了给这些不含添加糖的食品饮料增加甜度，以满足消费者的口感需求，通常会使用甜味剂，如阿斯巴甜、安赛蜜、木糖醇等。

虽然目前仍没有明确研究数据显示这类甜味剂对人体有害（在正常摄入量下），但它们对于减肥的实际效果仍然令人存疑。因为，当人在摄入甜味剂时，血糖水平和摄入热量虽然不会直接升高，但我们的味觉神经仍然会接收到"甜味"的信号，一方面，这很有可能令我们产生对甜味的依赖，促进我们养成吃甜食的习惯，以及对"糖"的渴望；另一方面，有医学研究表明，身体接收到"甜味"信号，血糖水平却未上升的情况，会扰乱我们的大脑对"甜味"的反应，有可能引起更加不稳定的食欲。

除了明显糖分高的白糖、红糖、蜂蜜、枫糖浆等糖类，有很多酱料和液体调味料是"糖分陷阱"，比如日式的味啉、白味噌，西式的番茄酱、烧烤酱、甜辣酱，中式的蚝油、料酒等，以及各种果酱，在选购这类调味料时，记得先看看包装上营养成分标签里的碳水化合物含量，如果是在超市购买，可以多做比较和选择。

而在控糖饮食中比较令人放心的调味品，有盐、黑胡椒粉、咖喱粉（不是咖喱块）、辣椒粉、蒜粉、姜粉、豆瓣酱、花生酱（无糖版）、蛋黄酱（无糖版）、颗粒芥末酱、辣椒酱、番茄膏（不是番茄酱）、芝麻油（香油）、辣椒油、黄油、橄榄油、酱油、日式出汁、醋、木鱼花以及其他各种香料、香草等，其实，可用的调味选择仍然非常丰富。

不过，甜味剂对于抑制血糖上升和控制热量摄入的确有些效果，如果在十分想吃甜食解馋的时候，适度使用甜味剂，用它来部分替换食物中的糖，即吃一些真正含糖分，又因甜味剂的部分使用而使糖分不至于过高的食物，其实更容易获得真正的满足感，也有可能避免糖代谢紊乱的问题。

6 进餐顺序上也可作调整。控糖的本质是为了抑制进餐后血糖水平上升，但其实，单纯减少糖分摄入量还不够，因为只要摄入了糖分，血糖水平就会上升，只是程度高低的问题。所以，抑制其上升的另一个关键助攻，是膳食纤维。如果在进餐开始时先吃含大量膳食纤维的食材，比如蔬菜和菌菇类，就能有效减缓接下来从主食中摄入的糖所引起的血糖上升速度。总之记住一个原则：每次进餐，先吃膳食纤维含量高的食物，再吃其他食物。

7 多喝水。每天摄入充足的水分，不仅能增强饱腹感，抑制不必要的食欲，也能维持正常的新陈代谢水平。女性一天应摄入 2 升水，男性应摄入 3 升。

● 戒掉喝市售含糖饮料的习惯，对健康与减肥只会有利无弊

七、结语

还是那句话，不易于长久坚持的减肥法，都不会成功。

节食饿肚子、压抑吃肉的欲望、不吃脂肪类食物……这些抑制本性的减肥法也许能够短期见效，但它们给我们的心理与精神造成的压力会日益累积，终有一天会以不健康的形式爆发，比如暴饮暴食，让前期的努力功亏一篑，一切又要重头开始，进入新的恶性循环。

以及低热量减肥法，虽然制造热量缺口对于减肥效果显著，但为了确保各种身体必需营养素每天的均衡摄入，每顿饭不仅要计算和控制热量，还要确保在低热量的同时营养搭配均衡，可以说是对脑细胞的不小挑战。

而不用饿肚子，不用严格计算热量，可以放松吃肉鱼蛋奶的控糖饮食法，对你的所有挑战只是少吃糖分高的甜食主食，其他大鱼大肉鸡蛋牛奶都可以轻松吃。这种易

于执行，无须很强的意志力也能坚持，每顿饭都能吃饱吃好而不会影响心情和日常生活状态的减肥饮食方式，更有可能成为你能长久坚持的生活方式，也更有可能令你长久保持理想身材。

而且，控糖饮食法中对蛋白质类食材的重视，也有助于减脂的同时增强肌肉，肌肉量的增加不仅能塑造身体线条，还会提高人体的基础代谢水平，进一步起到控制体重的作用。

We Were Born To Eat Low-carb Diet.

人类生来就适合"控糖"

专访控糖饮食理念先驱江部康二

拉里 | interview & edit

高崎医院 Unsplash | photo

江部康二

日本高雄医院院长，"控糖饮食法"主要倡导人之一。

随着减肥成为越来越多人关注的话题，一波又一波的新减肥方式来了又去，什么"阿特金斯""哥本哈根"都已"死"在沙滩上，这两年尤其受减肥人士关注的关键词，是"控糖"。

"控糖"的执行直接与饮食相关，因此"控糖饮食法"也成为了新的焦点。不过，无论是"控糖"还是"控糖饮食法"，其实都不是新概念。早在 1999 年，时任日本高雄医院院长的江部洋一，就将控糖饮食疗法引入医院，用于治疗糖尿病人。

江部洋一最初想到这种饮食法，是受居住在格陵兰岛上的因纽特人的启发。

因纽特人的传统饮食以生肉和生鱼为主，他们平日里的三大营养素摄取比例是这样的：蛋白质 47.1%、碳水化合物 7.4%、脂肪 45.5%，可以说是一种超级控糖饮食方式了。江部洋一发现，这些保持着传统饮食方式的因纽特人，罹患心肌梗死和糖尿病的概率极低，这才想到，或许是这种饮食法起了作用。

○ 江部医师设计的控糖饮食餐，美味和健康可以兼得

他对控糖饮食疗法的初次尝试，取得了十分显著的效果。然而身边同行仍然将信将疑，包括他的弟弟，同为高雄医院医师的江部康二，也是在观察了两年之后，才敢尝试将这种疗法用于自己负责的糖尿病患者。随后，整个高雄医院都开始积极推广和实施这一疗法。

2005 年，基于几年来的临床研究经验和成果，高雄医院出版了一本书：《不吃主食糖尿病就有救！》。没想到，这本书成为了年度畅销书，从日本全国各地前来高雄病院治疗糖尿病的患者与日俱增。

但在这之后，日本糖尿病学会开始在日本各大报纸与媒体上，发表"控糖饮食法虽有短期疗效，但长期实践的安全性仍无法确保"的言论，就这一论调展开了长达数年的传播活动。

直到 2013 年 10 月，美国糖尿病学会将控糖饮食法与地中海饮食、素食、限脂饮食法、高血压饮食法并列，同时认可了它们对糖尿病的效果。至此，风向开始改变。

2015 年 4 月，东京大学医院开始引入糖分 40% 的控糖饮食疗法。2017 年 2 月 7 日，日本糖尿病学会理事长、东京大学研究生院医学系研究科糖尿病·代谢内科教授门胁孝、日本医学杂志《医与食》主编渡边昌，以及江部康二医师，三人一同就"控糖饮食的是与非"这个话题，在东京大学医院进行了 90 分钟的对谈。对谈的内容包括糖尿病、控糖饮食法、酮体等很多方面，在这次对谈现场，门胁理事长也对控糖饮食法表示出肯定的态度。

在今天的日本，以食品业为中心的控糖市场规模已经达到了 4000 亿日元。控制糖分的面包、意大利面、甜点等，在网络、超市、便利店里都很容易买到，餐厅里也有很多控糖菜单。所以，现在在日本，即使是爱吃主食和甜食的人，也可以轻松践行控糖饮食。

而在我国，控糖饮食概念可以说是刚刚起步。因此，我们准备了一些问题，想请身为控糖饮食法先驱、现任高雄医院院长的江部康二来亲自解答。

食帖 × 江部康二

食帖 ◢ 有人说，让大脑运转的主要能量来自糖，因此不摄入糖分是不行的。对这种说法您怎么看？

江部康二（以下简称为"江部"）◢ 大脑的能量来源不只是糖，还有酮体。酮体是脂肪酸的分解产物。美国的医学教科书中，也有关于酮体可以被大脑作为能量来源利用的论述。另外，其实即使不摄入额外糖分，肝脏自身也可以将氨基酸、乳酸和甘油等转化成葡萄糖，这个过程也被称作"糖异生"。因为可以"糖异生"，即使在人绝食或饥饿状态时，血液中也能保持着一定的葡萄糖（血糖）含量。

食帖 ◢ 您认为什么样的人需要实践控糖饮食法？

江部 ◢ 首先，糖尿病人当然是最有必要的。因为摄入后会直接影响到血糖值的只有糖分，蛋白质和脂肪都不会。因此，糖尿病人只要摄入糖分，就一定会导致进食后血糖升高，产生并发症等。能让进食后血糖不升高的唯一饮食疗法，就是控糖饮食法。

人类在 700 万年的历史中，食用谷物的历史其实只有农耕时代开始的 1 万年左右。这样一想就会意识到，现代人这种日常糖分摄入比例高达 50%~60% 的饮食结构，是十分不正常的。

○ 有些人减肥时吃水果代餐，但水果中其实含有大量果糖、蔗糖、葡萄糖等，应该格外注意摄入量

如果这样从人类进化的历史角度来考虑，你会发现在狩猎采集时代，人们原本的饮食方式就是"控糖饮食"。因此，不如说控糖饮食对全人类来说都是一种健康饮食法，无论是否患有糖尿病。或者可以说，人类生来就适合进行控糖饮食，它才是最适合人类健康的饮食法。

食帖 ◢ 如果不是为了治疗糖尿病，而是为了减肥而进行控糖饮食法，您有哪些忠告？
江部 ◢ 如刚才所说，控糖饮食法不只适合糖尿病人群，也适合很多其他人群，因为它也有助于改善各种现代人的惯性病或肥胖问题。

糖尿病患者在有服药和注射胰岛素的情况下，如果要进行控糖饮食疗法，一定要和医生咨询后进行，否则有引发低血糖的风险。如果没有患病也没有用药，通常就可以安心实践控糖饮食法了。

不过，偶尔也有个别人在进行控糖饮食后出现了一些不良症状，如无力、烦躁、脱发、月经停止等。这些情况，其实大部分是由于热量摄入不足造成的。控糖饮食，并不等于限热量饮食。日常热量摄入还是要参考热量摄入标准。在热量摄入充足的情况下，通常就不会出现以上不良并发症。

食帖 ◢ 在进行控糖饮食法时，可以摄入含有果糖的水果或使用人工代糖的零食或饮品吗？
江部 ◢ 果糖比葡萄糖更容易转化为中性脂肪，更容易令人发胖，需要注意。尤其是近年来的水果，普遍糖度更高，个头也更大，一不小心就容易摄入过量糖分。水果中其实含有很多容易令人发胖的糖分，比如果糖、蔗糖、葡萄糖等。对于人工代糖的零食和饮品，少量摄入是相对安全的。

甜味剂中，我比较推荐的是赤藓糖醇（erythritol），它既不会引起血糖上升，也不含热量，安全性也相对较高。联合国粮食及农业组织（FAO）和世界卫生组织（WHO），共同设立了食品添加剂联合专家委员会 JECFA（Joint Expert Committee on Food Additives），公开评价了甜味剂等食品添加剂的安全性问题，其中赤藓糖醇也在安全性上获得了很高的评价，即使是孕妇也可以食用。

食帖 ◢ 如果是为了减肥进行控糖饮食法，要坚持多长时间比较理想？
江部 ◢ 如前面所说，控糖饮食法是人类原本的饮食方式，

对当今的人类来说也是健康的饮食法，值得一生践行，所以能坚持多久，就坚持多久比较好。

不过如果实在无法每天坚持，一周破例 1～2 次，偶尔摄入一些糖分也是可以的。

在高雄病院，我们将控糖饮食法分成三个等级：

1. SUPER- 超级控糖饮食
2. STANDARD- 标准控糖饮食
3. PETIT- 基础控糖饮食

具体说说这三种模式：

A. 超级控糖饮食：要求三餐都不能吃主食。效果显著，最为推荐。每一餐的糖分摄取量应控制在 20 克以下。

B. 标准控糖饮食：要求一天只能有一餐可以吃少量主食（且只能是早餐或午餐，晚餐仍需避免主食）。

C. 基础控糖饮食：只要求晚餐不吃主食，早餐和午餐都可以吃少量主食。适合淀粉类食物爱好者。

食帖 ◢ 在践行这三种中的任意一种控糖饮食法时，有没有什么注意事项？
江部 ◢ 首先，需要回避的主食，主要是指米饭、面条、面包等精米、白面制品，以及薯类的碳水化合物。其次，鱼贝、肉、蛋、豆腐、纳豆、奶酪等以蛋白质和脂肪为主要成分的食物可以多吃。另外再次强调，控糖饮食不等于低热量饮食。如果在进行控糖饮食后出现了无力、烦躁、脱发、月经停止等不良症状，通常是因为热量摄入不足。

除此之外，我们还设定了 10 条规则（主要针对糖尿病患者和减肥人群）：

① 减少糖分摄入。可以的话每顿饭的糖分摄入量都控制在 20 克以下。

② 控糖的同时，注意摄入充足的以蛋白质和脂肪为主要成分的食物。

③ 不得不吃主食（精米、白面类）时，尽量少吃。

④ 水、大麦茶、焙茶等零卡路里的饮品 OK。果汁和其他含糖饮品都 NG。

⑤ 糖分含量很低的蔬菜、海藻类、菌类都 OK。水果吃的话可以少量食用。

⑥ 橄榄油、鱼油（包括 EPA、DHA）建议积极摄入，有助于减少亚油酸（linoleic acid）。

⑦ 不含糖的蛋黄酱和黄油也 OK。

⑧ 酒精类的话，蒸馏酒（烧酒、威士忌等）、0 糖分的起泡酒等 OK。干型葡萄酒适量饮用也 OK。其他酿造酒，如啤酒、日本酒等，都需尽量少饮用。

⑨ 零食的话，奶酪、坚果类可以适量食用。其他糕点类、水果干等 NG。

⑩ 可以的话，尽量吃不含化学合成添加剂的安全食品。

另外，以下这几条也希望注意：

· 每天喝 100 毫升左右的牛奶 OK。纯豆浆的话 200 毫升左右 OK。

· 肉类与鱼贝类的摄入量 1：1 比较合适。

· 正在内服糖尿病治疗药物和注射胰岛素的病患，如果想尝试控糖饮食法，务必先和主治医生咨询。

江部医师的
1800 大卡控糖
三餐提案

早餐 BREAKFAST

含糖量：14.1 克

热量： 520 大卡

豆粉面包 & 黄油 + 无糖番茄汁 + 清炒时蔬 + 炒蛋 + 咖喱蔬菜沙拉

午餐 LUNCH

含糖量： 11.35 克

热量： 673 大卡

麻婆豆腐 + 蛋花汤 + 香草煎鸡肉 + 萝卜沙拉 + 无糖豆乳 & 奶酪

晚餐 DINNER

含糖量： 12.58 克

热量： 642 大卡

炸鳕鱼 + 菠菜炒蛋 + 奶酪焗豆腐 + 煎油豆腐 + 豆芽味噌汤

Low Carb Sweets!

控糖甜品大作战！

拉里 | text & edit
unsplash | photo

如今，谁不知道控糖对身体有好处呢？

主食里的碳水化合物少吃一些似乎也没那么难，但是，控糖路上最大的诱惑，是甜品。

让女生放弃甜品，比放弃化妆品还难。

其实不只是女生，无论男女，我们生来就喜欢"甜味"，这是人类在漫长的进化过程中所形成的基因决定的。

吃甜食就是会让心情瞬间愉悦，烦恼烟消云散，每当压力大、心情差时，只要有诱人的甜品当前，大多数人都会在名为"发胖"和"快乐"的岔路口前抓心挠肝，意志的弦稍一松弛，就立刻朝"快乐"之路撒丫子狂奔。"自律"是什么？吃完再说！

既然不吃甜食这么难，那吃便是了，谁说控糖不能吃甜食？

关键是要掌握两点：

① **自制**。
② **替换**。

控糖的主要控制对象，是碳水化合物。那么，只需要将甜食中碳水化合物含量较高的食材，尽可能多的替换成低碳水化合物同时也能提供不错风味的食材，不就能达到控糖目的了吗？

然而，市售甜点中，能真正做到用健康替换方式制作产品的少之又少，因为造价一定会更高昂。所以，想吃到控糖时期也无妨的健康甜品，最好自己做。

甜品中，通常会提供较高碳水化合物的主要材料是面粉与糖。这两种材料也是我们在自制时尤其需要注意替换的部分。

比如面粉，通常使用的是精制小麦面粉，碳水化合物含量高且因为经过精制加工过程，营养成分损失较多。而无糖椰子粉、杏仁粉则相对来说碳水化合物含量低一些，同时能带来独特、清新的风味，与更高的营养密度，是替换小麦粉的较佳选项。不过，使用椰子粉和杏仁粉制作的甜品口感，自然是和小麦面粉制品不同的，孰优孰劣不好判断，说不定你就会更喜欢椰子粉或杏仁粉带来的特别口感。

而甜品中的糖，大多指的是经常使用的精制白砂糖。精制糖不仅碳水化合物含量和热量很高，且毫无营养。除了精制白砂糖，红糖、蜂蜜、枫糖浆以及一些糖分高的水果类食材，其实也是需要注意的"糖"。因此，除了在自制甜品时可以用甜菊糖、赤藓糖醇等几乎 0 碳水的甜味剂来替换一般精制糖、蜂蜜、枫糖浆之外，还应注意尽量少用高糖分的水果类食材（包括果干）。不过，适当少用一点儿蜂蜜或者水果类食材来作为精制糖类替换和风味补充，其实也无妨，天然食物的营养密度总是要高过精制糖的。

控糖并非完全戒断碳水化合物，一定量的碳水化合物摄入量对于人体健康来说非常必要。因此，这次分享的三道甜品，虽将精制糖替换成了甜菊糖，但面粉方面只将其中一半替换为椰子粉，另一半使用了燕麦粉。所用的其他材料中也或多或少包含一些碳水化合物，只是相比市售或烘焙爱好者们日常制作的普通甜品来说，这三款甜品的碳水化合物含量相对更低，营养密度却相对更高，风味上也完全不输市售甜品，既能控糖时满足味蕾，又能吃得健康。

Coconut Oil Chocolate Tart

椰子油巧克力挞

Time | 30mins　Serves | 4

Information（一人份）	
蛋白质	3.8 克
脂 肪	15.0 克
碳水化合物	8.8 克
膳食纤维	2.8 克
热 量	187.2 大卡

食 材

挞底用

椰枣（去核）·····························2 颗
核桃仁·······························约 30 克

馅料用

生可可粉····························· 35 克
鳄梨································· 1 个
甜菊糖······························· 3 克
椰子油······························ 15 克

做 法

① 将挞底部分食材打匀后，倒入模具里压实。
② 将馅料部分食材打匀后，在挞底上铺平。
③ 冰箱冷藏半小时至 1 小时。

Carrot Cake

胡萝卜蛋糕

Time | 1h   Serves | 5

食 材

鸡蛋 ·	2 个
椰子油 ·	40 克
甜菊糖 ·	2 克
香草精 ·	2 滴
胡萝卜（磨成泥）· · · · · · · · · · · · · · · · ·	120 克
核桃仁 · 10 克（约 2 颗）
椰子粉 ·	30 克
燕麦粉 ·	30 克
肉桂粉 ·	2 克
泡打粉 ·	5 克
生姜（磨成泥）· · · · · · · · · · · · · · · · · · · ·	2 克
奶油奶酪霜（可不加）	
奶油奶酪 ·	80 克
柠檬皮碎 ·	适量

做 法

制作蛋糕体：

① 将鸡蛋、椰子油、甜菊糖、香草精混合均匀。

② 加入胡萝卜泥、核桃仁，混合均匀后加入椰子粉、肉桂粉和生姜泥，混合均匀。

③ 倒入铺好烘焙纸或刷好油的蛋糕模具中，180℃烘烤 40~50 分钟。可以用叉子叉进蛋糕中央部分测试，抽出后叉子如果是干净的，说明已烤好。烤好的蛋糕可以直接吃，也可搭配奶油奶酪霜一起享用（热量会更高）。

制作奶油奶酪霜：

① 将奶油奶酪放入微波炉中加热 20 秒，使其软化。

② 在软化后的奶油奶酪中拌入柠檬皮碎一起搅打，会增添一丝清爽风味。

③ 将奶油奶酪霜涂抹在胡萝卜蛋糕上，即可享用。

Blueberry Yogurt Muffin
蓝莓酸奶马芬

Time｜30mins　Serves｜6

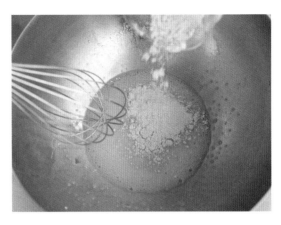

Information （一人份）

蛋白质	3.5 克
脂 肪	10.5 克
碳水化合物	9.0 克
膳食纤维	0.9 克
热 量	142.2 大卡

食 材

椰子粉	30 克
燕麦粉	30 克
新鲜蓝莓	80 克
鸡蛋	2 个（小个）
酸奶	100 克
香草精	1 滴
椰子油	40 克
甜菊糖	3 克
泡打粉	5 克
海盐	2 克

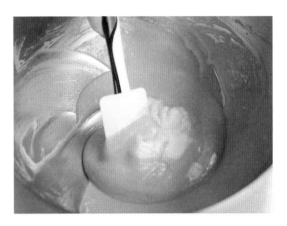

做 法

① 将鸡蛋、椰子油、甜菊糖、盐、香草精混合搅打至顺滑，再加
入泡打粉和椰子粉（分三次）混合均匀，然后加入酸奶，快速切
拌混合（不要过度搅拌）。

② 将新鲜蓝莓加入①，轻柔翻拌混合（注意不要将蓝莓碰碎）。

③ 将②均分倒入已刷油的马芬模具，倒至距离杯口 1 厘米左右即
可，不要倒满。

④ 放入已预热至 180℃的烤箱中，烘烤 15~20 分钟即可。

How To Make Healthy Office Bento?

上班族怎么做健康瘦身便当？

FreezeJing | text & recipe & photo

对于越来越多关心自己身材和健康的朋友来说，似乎"午餐吃什么"这个问题也越来越让人头疼。

外卖油腻又重口，自己做便当又觉得时间紧、任务重，不光要节省宝贵的早晨时间，还要考虑减脂、营养、口味、搭配等各个方面。而我注意到，大部分处于增肌减脂期的朋友选择的则是各种蔬果、水煮食材的简单堆叠，健康是健康了，但是却因此放弃了许多享受美食的乐趣，每天的便当变得枯燥无味，难免有些难以下咽。

其实，要想做出快手、健康又搭配丰富、营养全面的便当，并不是一件难事，这一篇就为大家一一解决这些难题，让你也能轻松做出每天不重样、美味又低热量的便当。

Q1 如何做好充足的准备，让一周便当更加快手方便？

① 通常我的习惯是利用周六、日休息时间，集中采买食材。那么要根据什么规划食谱呢？请往下看！

② 一份营养均衡的便当要包括：粗、细粮结合的主食；色彩丰富的蔬菜与菌菇类；富含优质蛋白质的肉类、豆类、蛋奶等；最好再配适量坚果。

因此，在设计规划食谱时，我一般会先列一个表格，包括鱼肉蛋奶、蔬菜与菌菇、薯类与豆类和水果这几大类。鱼肉蛋奶类挑选 3~4 种，例如虾、鸡肉、鱼肉、牛肉等；不同颜色的蔬菜挑选 5~6 种，例如绿色的西蓝花、菠菜、黄瓜，橙色的胡萝卜，红色的番茄、红椒等，其中绿叶菜可以适当少买一些，因为它们保存期限较短，而胡萝卜、红薯、南瓜等可多买一些，储存一周都可以使用；菌菇类会适量买 1~2 种；水果也会适量购买 3~4 种。

在采买时尽量遵守种类丰富而数量精简的原则，这样就可以保证便当的食材多样性，避免重复。

③ 将采买回来的食材根据不同情况提前清洗、焯烫或者事先烹煮、腌渍成常备菜保存起来。

往往我们觉得做便当费时间，其实大多是花费在下锅前处理食材的步骤上，如果每天早上都要切切洗洗，的确会让人头疼。所以，想要快速做好一份便当，就要提前将能清洗的食材清洗干净，能切块、切丝的食材都切好，用保鲜袋分装起来冷藏或冷冻，甚至可以将食材提前焯水，避免变黄、变蔫，比如西蓝花，提前焯水沥干水分冷藏保存，不但能避免变黄，取用也十分方便。

④ 鱼肉类食材，我会用保鲜袋分装成一餐的用量，压平冷冻保存。这样只需要前一天晚上从冷冻室拿出来一袋，放入冷藏室自然解冻即可，既可以节约解冻时间又能保证食材新鲜，避免二次解冻。

⑤ 如同第三点所说，一般我会利用休息日制作出 2~3 道适合保存的常备菜保存起来。它们通常可以保存 2~3 天，甚至 5 天。做几道常备菜保存好，吃之前只需要直接用干净餐具拿取，放入便当盒中，就可以让你每天的便当变得更加丰富。

Q2 如何保证自制便当的新鲜?

① 尽量在当天早上组装与制作便当。

除了适合保存的常备菜以外，其他的菜肴最好是早上现做，尽量避免装剩菜、剩饭到便当盒中，尤其是快炒类菜肴，最好早上现炒。如果要带凉拌菜，则可以多放一些蒜泥、姜泥、醋等调味料，抑制细菌滋生速度。

② 在烹饪便当时，要适当多加一些盐和糖，多做酸味菜肴。

盐和糖有助于食物杀菌，延长保鲜期限。而听到多盐、多糖，似乎又让关心健康的朋友们疑惑了，在这里我们要强调的是，所谓多盐、多糖是相对于平时的烹饪习惯而言的，并不是让大家做成餐馆菜那样重油、重盐。除了适当多加盐和糖以外，还可以多运用酸味调味料，比如米醋、柠檬等，酸多一些，细菌繁殖的速度也会更慢一些。

③ 利用真空密封原理，尽量制造出真空空间，比如将便当盒关得紧紧的，让细菌进不去。你只需要准备一个能耐热的密封性良好的便当盒，将便当盒洗净后用沸水烫

一遍，尽量杀死细菌，再将刚出锅的菜肴装进去，马上盖紧盖子，这样就能轻松制造出相对真空的环境了。

④ 在炎热的夏季带便当，不妨选购一款隔热便当包，甚至可以在便当包中放入冰袋来为便当保鲜。

Q3 制作便当菜有哪些小技巧呢?

① 并不是所有的食材都适合装进便当盒。

a. 大多数的绿叶菜都不适合装进便当盒，如果实在想吃绿叶菜，不妨选择凉拌的方法，例如凉拌菠菜，在焯水时加入少许的食用碱，能更好地保持翠绿的颜色。除了绿叶菜，想在便当中加入绿色元素，可以选择西蓝花、荷兰豆、四季豆等蔬菜。

b. 面条、粉丝、粉条等淀粉类食物不但营养成分单一，放置久了还会变黏，影响口感。而形式丰富多样、爽口低热量的魔芋制品则是代替粉丝、粉条等的不二之选!

c. 调味过重的香肠、熏肉等食物，热量过高的同时，本身又含有较多的亚硝酸盐和色素防腐剂等，这些食材也不符合健康便当的标准，所以，如果想补充蛋白质类，还是尽量选择鱼、虾、鸡肉、豆腐、蛋、奶等更加优质的种类。

② 蒸饭时多加一些水。便当往往要二次加热食用，在二次加热后米饭的口感要比新蒸好的硬，因此在蒸米饭时，适当多加一些水，二次加热之后口感就会更好一些。

③ 食材搭配颜色尽量丰富。在打开便当盒的一刻，色彩丰富的便当要比单一颜色的便当来得更有食欲！而不同的颜色也代表了更加丰富的营养组成。一份便当中如果能拥有 3~5 种不同颜色，它的诱人指数会立刻倍增。所以结合上面我们说的食材采购原则，在采购食材的时候，食材颜色也是我们需要考虑的一个重点。

④ 巧妙运用生菜、纸杯等材料制造分区。在装便当时，菜与菜之间最好要做隔挡，避免串味和染色。比如水分较多的菜能让炸物吸水变软，酸甜口味的凉拌菜会造成其他菜肴串味，容易染色的蔬菜能让浅色食材染色等，这些菜肴之间都需要做恰当的隔挡。而便当中最常用的

食材则是生菜，鲜绿颜色的生菜不但能隔色隔味，也能让便当更加漂亮。

Q4 如何制作更健康低碳水化合物、低热量的便当？

① 在制作低碳水化合物、低热量便当时，多选择优质的品种丰富的低 GI 粗粮、薯类和豆类。减脂期也不要不吃碳水化合物，长期摄入碳水化合物过低会对身体造成不小的伤害，比如脱发、失眠、心慌、情绪化等。所以正确的方式则是要尽量减少精米白面的摄入，增加粗粮和薯类。比如在蒸饭时，加入切块的红薯、南瓜等食材，或加入糙米、小米、荞麦等粗粮，增加饱腹感的同时，也让米饭更加香甜可口，便当更加变化多样。

② 尽量采用天然食材制作便当。如同上面所说，不少便当中常常会用到香肠、熏肉等食材制作，这些材料往往不但热量很高，且调味重、添加剂多，从各个方面而言显然都与健康便当相违背。而低热量又富含丰富优质蛋白质的鸡肉、虾、鱼、蛋、奶等食材，则应多多运用到便当制作当中。

③ 多运用蒸煮、凉拌等方式制作便当菜。蒸煮、凉拌等方式制作菜肴不但能控制油脂的摄入，还能减少长时间高温烹调造成的营养流失，同样的食材换种方式处理，我们离减肥成功就又更近了一步！

④ 善于利用食材中原有的油脂，让料理更加低卡。有些食材本身就含有丰富的油脂，那么在烹饪这些食材时，就不需要额外添加油分了。例如便当中常见的鸡腿肉，比鸡胸肉口感更加鲜嫩，却因为其油脂量比鸡胸肉多一些，让许多想控制热量摄入的朋友避之不及，那么如果我们换一种思路，将鸡腿肉中的油脂煎出一部分，再利用这些油脂烹调其他食材，在减少了热量的同时也没有苦了我们的胃口，让减脂生活也变得轻松很多。

⑤ 勤快地计算热量，一餐热量不多也不要少！看到许多处于减脂期的朋友在晒午餐便当时，一份便当只有 200 多大卡，这样的热量摄入显然是太低了。一般来说减肥食谱的一天能量供应水平应在 1200~1600 大卡，那么分到午餐的热量基本就要控制在 400~600 大卡。所以在制作便当时，不妨尝试记录一下热量，吃得不要过少，也不要过多。

Monday 周一

腐乳莲藕鸡排饭便当

腐乳莲藕鸡排

食 材

鸡腿··1 只
藕片···50 克
红腐乳··20 克
糖··3 克
酱油··10 克
芝麻油··5 克

做 法

① 准备好所有食材,鸡腿剔骨,藕片清洗干净,浸泡在冷水中备用。

② 将腐乳、糖、酱油放入碗中调匀成料汁。

③ 平底锅烧热,无需放油,将鸡腿肉鸡皮面朝下中火煎至金黄,翻面;放入藕片继续煎,约 1 分钟后,淋入调好的酱汁,同时放入 1 杯清水,盖上锅盖炖煮约 10 分钟。

④ 打开锅盖大火收浓汤汁,淋上芝麻油即可出锅。

西蓝花拌饭

食 材

糙米饭··200 克
西蓝花··50 克

做 法

① 西蓝花洗净切碎。

② 在蒸熟的糙米饭中放入西蓝花碎拌匀,放入微波炉中高火加热 2~3 分钟即可。

甜醋苹果渍圆白菜

（常备菜 做法见 P256）

Tuesday 周二

麻婆肉酱烧魔芋便当

麻婆肉酱烧魔芋

食材

自制麻婆鸡肉酱·········100 克（常备菜，做法见 P257）
魔芋块·····················100 克
酱油·························5 克
糖···························2 克
白芝麻·······················2 克

做法

① 将魔芋块洗净切条，从中间纵向划开一刀，将其中一头绕过中间缺口，翻转成魔芋花的形状；将自制麻婆鸡肉酱从冰箱冷藏室拿出备用。

② 锅中放入麻婆鸡肉酱，开中火翻炒 30 秒后放入切好的魔芋，放入酱油和糖调味，再倒入约 100 毫升清水，盖上锅盖，转中小火烧 5 分钟。

③ 打开锅盖，大火收浓汤汁，放入白芝麻翻炒均匀即可出锅。

包菜鸡蛋卷

食材

圆白菜·······················25 克
红彩椒·······················40 克
鸡蛋·························2 个
盐···························2 克
糖···························2 克
味淋·························2 克
柴鱼粉·······················1 克

做法

① 圆白菜和红彩椒分别切丝，加入 1 克盐和 1 克糖腌渍 10 分钟，直到出水变软，放在厨房纸上吸干水分备用。

② 鸡蛋打成蛋液，加 1 克盐、1 克糖、2 克味淋和 1 克柴鱼粉调味。

③ 用刷子在玉子烧锅底部薄薄地刷一层油，开中火，放入约 1/3 的蛋液，晃动锅子使蛋液逐渐均匀地铺满锅底，当蛋液半凝固时，在外侧 1/3 处放上蔬菜丝，并用筷子由外向内卷成蛋卷，将卷成的蛋卷推到锅子最外侧。

④ 再倒入 1/3 的蛋液，晃动锅子使蛋液逐渐均匀地铺满锅底，当蛋液半凝固时由外向内卷成蛋卷，并将蛋卷推向锅子最外侧。

⑤ 放入最后的 1/3 蛋液，同上面方法一样卷成蛋卷即可出锅。

⑥ 晾凉至常温后切成合适大小的段状即可。

甜醋苹果渍圆白菜

（常备菜 做法见 P256）

杂粮饭

（添加了糙米与燕麦米的杂粮饭）

Wednesday 周三

和风藜麦虾仁沙拉便当

和风藜麦虾仁沙拉

食材

三色藜麦····························50 克
鲜虾仁·····························8 只
西蓝花····························50 克
芦笋······························70 克
甜玉米粒··························50 克
无糖酸奶··························40 克
白味噌····························10 克
蒜泥······························5 克
糖································3 克

做法

① 锅中烧开水，放入藜麦小火煮 20 分钟即可，捞出沥干水分备用。
② 西蓝花洗净掰成小块，芦笋洗净切段，玉米粒罐头沥干水分清洗干净备用；虾仁解冻洗净备用。
③ 另起锅烧开水，将虾仁、玉米粒、西蓝花和芦笋放入锅中煮 2 分钟即可捞出沥干水分。
④ 将无糖酸奶、蒜泥、白味噌、糖放入碗中调匀，倒入小玻璃罐中；煮好的虾仁、蔬菜、藜麦等装盒；吃之前将酱汁淋在沙拉上即可。

甜醋苹果渍圆白菜

（常备菜 做法见 P256）

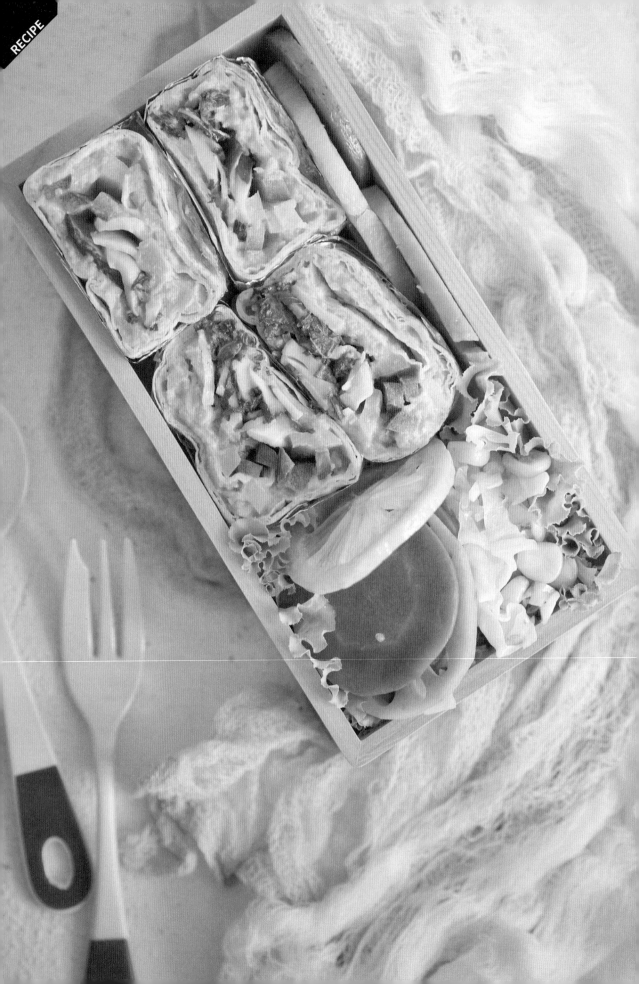

Thursday 周四

紫苏南瓜菌菇卷饼便当

紫苏南瓜蘑菇卷饼

食材

市售全麦饼·································1 张
南瓜··································70 克
香菇····································2 个
杏鲍菇·································20 克
红黄彩椒······························各 40 克
紫苏叶·································10 克
蒜······································5 克
海盐····································2 克
糖······································3 克
牛奶···································10 克
芝士粉··································5 克
黑胡椒粉·································1 克

柠檬渍根菜

（常备菜 做法见 P256）

圆白菜玉米粒沙拉

食材

圆白菜·································100 克
甜玉米粒罐头·····························50 克
木鱼花··································5 克
盐······································1 克
糖······································1 克
油······································5 克

做法

① 南瓜去皮切成小块，放入微波炉中高火加热 3~4 分钟，取出，碾成泥，加入 1 克盐、2 克糖、10 克牛奶、5 克芝士粉，搅拌均匀备用。

② 蒜切成蒜末；紫苏叶切碎；香菇切片；杏鲍菇切片；彩椒切条备用。

③ 锅中放入少许油，加蒜末炒香之后放入紫苏叶煸炒，再放入香菇和杏鲍菇，加 1 克盐、1 克糖、1 克黑胡椒粉调味，待蘑菇变软、汁水收干，即可出锅。

④ 台面铺上保鲜膜，将全麦饼放在保鲜膜上，均匀地抹上南瓜泥，在饼的 1/3 处码放好紫苏、蘑菇和彩椒条，由内而外卷成卷；再在卷饼表面包裹上一层锡纸，切成段即可装盒。

做法

① 圆白菜切条，玉米粒罐头沥干水分备用。

② 锅中放油，放入圆白菜和玉米粒翻炒，加盐、糖调味翻炒，最后撒上木鱼花，翻炒均匀即可出锅装盒。

Friday 周五

麻婆鸡肉酱青笋炒饭便当

麻婆鸡肉酱青豆炒饭

食 材

自制麻婆鸡肉酱	100 克
杂粮饭	150 克
荷兰豆	50 克
酱油	10 克
糖	2 克
芝麻油	1 克

做 法

① 荷兰豆洗净摘去两端，对半切开备用；杂粮饭最好用隔夜饭。

② 锅中放入麻婆鸡肉酱翻炒半分钟，加入杂粮饭翻炒均匀，加酱油和糖调味，翻炒约 2 分钟后，放入荷兰豆翻炒至熟，淋入少许芝麻油即可出锅装盒。

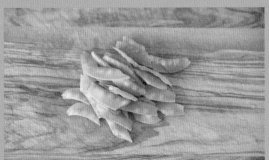

甜醋苹果渍圆白菜

（常备菜 做法见 P256）

椒香豇豆胡萝卜

食 材

豇豆	100 克
胡萝卜	100 克
花椒	2 克
盐	3 克
糖	2 克
花椒油	1 克
芝麻油	1 克
白芝麻	1 克
植物油	5 克

做 法

① 豇豆切成 3 厘米长的段，胡萝卜去皮，切成与豇豆同等粗细、约 3 厘米长的段。

② 开小火，锅中倒入植物油，放入花椒，小火煸炒至花椒变深色后即可捞出花椒。

③ 转大火，放入豇豆和胡萝卜煸炒，加盐、糖调味，炒至豇豆熟透，淋入花椒油和芝麻油，再撒上白芝麻即可出锅装盒。

常备菜

柠檬渍根菜

食材

藕片	100 克
胡萝卜	100 克
柠檬	1/2 个
芝麻油	10 克
酱油	15 克
味啉	15 克
苹果醋	10 克
糖	3 克
饮用水	50 毫升

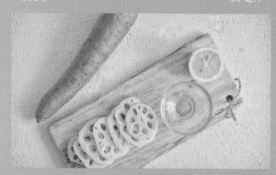

做法

① 柠檬切片，与酱油、味啉、苹果醋、糖和清水一起搅拌均匀；胡萝卜和莲藕切成 5 毫米左右的厚片。
② 平底锅中倒入芝麻油，放入胡萝卜和莲藕两面煎至金黄，即可出锅。
③ 将煎好的莲藕、胡萝卜片放入调好的酱汁中即可，密封冷藏保存。
密封冷藏 5 天

甜醋苹果渍圆白菜

食材

圆白菜	150 克
苹果	40 克
大蒜	10 克
生姜	10 克
松子	10 克
辣椒丝	少许
盐	8 克
苹果醋	30 克
砂糖	30 克
饮用水	400 克

做法

① 将圆白菜洗净，擦干水分，切块备用；苹果洗净，擦干水分，切片备用；蒜切片，姜切丝备用。
② 将圆白菜、苹果、姜蒜放入密封罐底部，加苹果醋、砂糖、盐，最后加入饮用水，放入松子，盖紧盖子摇晃均匀即可，放入冰箱冷藏室中保存。
密封冷藏 3 天

自制麻婆鸡肉酱

食材

鸡胸肉 1 块·····································约 270 克
胡萝卜···70 克
大葱碎··5 克
蒜末··5 克
姜末··5 克
郫县豆瓣酱···20 克
酱油··10 克
糖···7 克
醋··10 克
辣椒粉··5 克
淀粉水···30 克
花椒油··3 克
植物油··5 克

做法

① 将鸡胸肉切碎成肉末备用；郫县豆瓣酱切碎备用；胡萝卜切丁，葱、姜、蒜分别切成末备用。

② 锅中放入植物油，加郫县豆瓣酱小火煸炒出红油，放入葱、姜、蒜末炒香。

③ 放入鸡胸肉和胡萝卜丁翻炒，加酱油、糖、醋、辣椒粉调味，炒至鸡胸肉变散。

④ 淋入淀粉水，翻炒均匀，淋入花椒油即可出锅装盒。

做好的鸡肉酱晾凉至室温后，放入冰箱冷藏密封保存，可保存 3 天；也可冷冻保存，约 10 天。

How To Eat Healthier When You Are……

四种 "诱惑" 时刻怎么吃？

周瑾 | text & photo

雨子酱 | illustration

* 本文原刊登于《食帖 06：理想身材，吃即王道！》

经常有减肥的朋友跟我说他的困扰："我每天工作很忙，根本没时间为自己准备健康的食物。""我每周至少有 4 次应酬饭，这足以对我的训练计划造成致命的打击，所以我的脂肪迟迟减不下去！"这在快节奏生活的现在，非常普遍。

就健康饮食来讲，外出就餐才能真正考验减肥者的决心，我们外出就餐的次数越多，做出健康的选择就愈加重要。如果不根据外出就餐、应酬饭、出差、旅行、加班夜宵、运动等诸多生活场景来调整餐单，并做出选择的话，减肥永远都是纸上谈兵。

那么，如何选择正确的食物并进行饮食搭配呢？我想介绍一种"盘子减肥法"，它其实是一种饮食行为矫正方法，有助于想减肥的朋友在各种进餐环境中都尽可能保证健康饮食习惯，维持健康体重，而不是临时大幅度减重，导致体重易反复波动。

什么是"盘子减肥法"？其实是在美国农业部颁布的"我的盘子"基础上进行优化，选择适合中国人的健康食材，按照盘子中每类食物的比例，合理安排每餐的进食，保证在营养均衡的基础上控制热量，以更健康的方式达到减肥目标。

需要遵循以下 5 个原则：

01. 把每餐饮食分为四类食物：主食、肉蛋奶、蔬菜、水果。

02. 主食：每日 300~400 克主食，粗粮杂粮、全谷类食物至少应占每日主食一半。

03. 肉蛋奶：包括瘦肉、鱼虾、鸡蛋、脱脂牛奶和豆制品，平均每天至少 100~200 克瘦肉／鱼虾、200 克豆腐、1~2 个鸡蛋、250~500 毫升低脂牛奶。

04. 蔬菜：选择深色蔬菜，每天保证 500 克菜，凉拌、清蒸、生吃、少油快炒为主；不选择煎炸等烹饪方法。

05. 水果：每天控制在 250 克以内，避免摄入过多糖分。

此外，盘子中不包括的食物如含糖饮料（碳酸饮料、果汁等）、饼干、薯片等加工类零食，尽量不吃或每周少于 1 次，这些纯热量的食物，很容易让人在不知不觉中摄入很高的热量。

在"盘子减肥法"的基础上，外出就餐、应酬、出差、旅行、加班夜宵、运动等生活场景，都可以实践更加健康的饮食方式。

1. 餐馆就餐或订购外卖

点餐和就餐原则

① 点餐前多喝水或汤，可填饱你的胃并降低进食量。

② 控制热量和脂肪摄入，先食用用油少的凉拌菜、清蒸菜，再选择卤、煮、炖、熘、炝等烹调方法的菜，尽量避免煎、炸、油焖、干烧、干烤等方式制作的食物，这样脂肪的摄入会超出 2~3 倍。

③ 容易吃饱的诀窍——慢慢吃，瘦人对饱腹感的反应时间约 12 分钟，胖人约 20 分钟，确保大脑有足够时间产生饱腹感，这样可减少进餐量的 15%，长久积累下来，会有显著的减肥效果。

④ 少喝含糖饮料，水和茶要成为你的首选。500 毫升的碳酸饮料或果汁，相当于 200 克米饭的热量，尽量避免酒精类饮料如啤酒等，记住：酒精的热量几乎是糖分的 2 倍，不控制的话，它可能就是你健身迟迟不能见效的罪魁祸首！

⑤ 记住点菜时的营养公式，"盘子减肥法" = 粗粮杂粮 + 1 份凉拌菜 / 蒸菜 + 1 份健康脂肪的蛋白质类食物 + 1 份低脂汤。

参考菜单

粗粮杂粮：蒸红薯、玉米、紫薯、小米粥、红豆粥、糙米饭、红豆米饭等；

凉拌菜或蒸菜：鳄梨蔬菜沙拉（油醋汁）、果醋木耳、黑椒芦笋、凉拌海带丝、拍黄瓜等；

低脂肪蛋白质类：苦瓜酿肉、瘦培根芦笋卷、清蒸鱼、白灼虾、黑椒牛排等；

低脂汤：豆芽豆腐汤、西红柿鸡蛋汤、紫菜蛋汤等。

2. 应酬饭

点餐和就餐原则：

① 进餐遵循"盘子减肥法"。

② 按照汤—养生粥—蔬菜—肉类的顺序进餐，先吃易消化食物，蔬菜可选择豆芽、藕、小白菜等。

③ 一半以上的菜品选择凉拌、清蒸、白灼等清淡少油的烹饪方法，不点或者少点煎炸类菜品。

④ 喝酒要适量，酒后要及时解酒。

关于酒的摄入问题

首先，酒局的前一餐补充维生素 A、维生素 C、维生素 E、B 族维生素，B 族维生素可帮助肝脏解毒。可选择富含蛋白质的豆浆牛奶、八宝粥和富含维生素的凉拌番茄、芝麻糊、燕麦粥等。

其次，饮酒要限量，少量酒可促进胃液分泌，帮助消化，促进血液循环，一般选择红葡萄酒最为适宜。

再次，醉酒过后应多喝些果汁、蔬菜汁、蜂蜜水、酸奶，或吃些西瓜、葡萄、番茄等，因其不仅富含维生素和矿物质，还可以补充体内损失的水分，对醒酒有极大帮助，但忌用浓茶来解酒。

最后，第二天醒酒后如果头痛，可喝些蜂蜜水，吃点香蕉，吃些柔软易消化的面包、稀饭、新鲜水果、豆浆牛奶，忌吃高盐高脂、煎炸或烤的食物。

参考菜单

汤： 海带豆腐汤

主食： 绿豆海带粥、皮蛋猪肝粥、八宝粥

凉菜： 蔬果沙拉、酱牛肉、菠菜花生、凉拌三丝、凉拌豆腐、凉拌黄瓜

热菜： 豆腐丸子、孜然羊肉、清蒸鱼、西芹百合、清蒸山药芋头、白灼虾、清蒸生蚝

甜点： 糯玉米、清蒸芋头

饮料和酒水： 铁观音、菊花茶、红酒

场景二：旅行和出差

1. 旅行途中

外出旅行不可避免要吃一些当地的特色美食，结果旅行回来，发现体重增长很多，大大破坏了减肥计划。

饮食原则

① 注意食品卫生和安全，尽量少食小馆子或大排档，随身常备止泻药，预防不适情况出现。

② 外出旅游，品尝当地美食是一定要的，但要做到适可而止，控制好量，吃好点，少吃点。

③ 多走路，多消耗，可找一个体重计每天清晨空腹时量一量，如果体重增长，可在当天多走路活动，并控制饮食，旅行期间就不会增重太多。

实用小贴士

自带一个水杯，每天在旅馆冲泡一杯绿茶或红茶，就餐时要些热水。因为这样可以避免旅途中购买大量饮料解渴，可以减少很多热量摄入，而且茶叶中富含茶多酚等，可以提高脂肪代谢，防止发胖。

不管你是喜爱或是憎恨，定期因公出差时，除了提前做好工作计划，还需要提前做好自己的饮食和锻炼计划。在家的时候，往往更容易坚持健康的生活方式，一旦前往外地，就很容易失去控制。此时，还是需以"盘子减肥法"作为基本搭配原则，再按早餐、午餐和晚餐分类来做准备。

早餐 BREAKFAST

粗粮 / 全谷类主食	蔬菜 / 水果	健康脂肪的蛋白质	均衡早餐
燕麦片	黄瓜	煮鸡蛋	燕麦片 + 苹果 + 低脂牛奶
红薯 / 芋头	菠菜等新鲜绿叶蔬菜	豆浆 / 豆腐干 / 豆腐丝	小米粥 + 玉米窝头 + 凉拌菠菜 + 煮鸡蛋
小米粥	海带	酱牛肉	香蕉奶昔（香蕉 + 牛奶 + 乳清蛋白粉）
玉米窝头	时令水果	低脂牛奶 + 鸡蛋	红薯 + 蔬菜沙拉 + 低脂奶 + 煮鸡蛋

午餐和晚餐 LUNCH&DINNER

午餐以清淡食物为主，但如果很难做到，晚餐要清淡些。每天保持 500 克菜十分重要。

清淡是指以凉拌或清蒸菜肴为主，还可加入大量的蔬菜沙拉。如果在当地逗留几天时间，建议为了保证足量水果和蔬菜的摄入，可以在附近超市或市场购买一些新鲜水果蔬菜，保证每天摄入蔬菜至少 500 克。如果所入住的宾馆有冰箱，可以在冰箱里放一些低脂奶、豆浆、全麦面包、黄瓜、番茄等健康食品，代替火腿肠、午餐肉、方便面、饼干等高脂肪、高热量方便食品。

场景三：加班夜宵

有一种发胖叫作"过劳肥"，其实就是我们工作压力大时，尤其熬夜加班时，容易用食物来缓解压力，结果工作努力却越来越胖。

控制好晚餐和夜宵，是防止"过劳肥"十分重要的环节。

夜宵饮食原则

1. 红灯食物——不要吃

夜间其实体力活动少，无须很多能量，但为保证基本需求，晚餐加夜宵的摄入量，最好控制在全天热量的 30%。以下"高卡路里"食物不要吃：
饼干（包括苏打饼干）、薯片／薯条、碳酸饮料、吃水果而非喝果汁、油炸鸡翅鸡腿鸡皮等、烤串、啤酒、各种坚果等。

2. 绿灯食物——可以吃

蒸鸡蛋羹、水果奶昔（水果和低脂奶搅打而成）、海苔、黄瓜、番茄、猕猴桃、柚子，如果是西瓜，仅限吃 1~2 块，控制在 250 克以内。

经常有朋友询问，为什么我很努力地运动，但减肥效果却不好，有时候反而体重增加？为什么我想增加肌肉，但却越练越瘦，肌肉增加并不明显？如果你的运动方式很科学，也坚持得不错，效果却不理想，那就该反思一下是不是饮食出了问题！健身圈里有一句话叫"三分练，七分吃"，可不是随便说说的。

我们总是夸大运动消耗量，而小看食物的热量。不要以为每天走路和跑步，就可以多吃。快走 1 万步，每公斤大概能消耗 4~5 大卡热量，按照 60 公斤计算，大约240~300 大卡热量，这个热量抵不过 1 包饼干（410 大卡）、1 包方便面（480 大卡）、100 克瓜子（610 大卡）的热量。所以合理的运动，一定要在控制饮食摄入的基础上，才能更快更健康地达到减肥目标。

运动前后的营养补充对于保持好的体能水平、延缓疲劳发生、促进运动后肌肉合成和恢复、促进疲劳快速消除都十分关键。那么运动前、运动中和运动后应该怎样安排饮食和加餐？

训练前 2~3 个小时

① 对于减脂者来说

对于想减肥的健身者来说，运动前适当保持空腹十分有利于脂肪的充分燃烧，尤指有氧运动，因为运动前 30 分钟以消耗体内糖分为主，运动时间越长，脂肪动员越多；运动前补充香蕉、面包或者葡萄干等富含糖分的食物过多，会一定程度上抑制脂肪的分解代谢。

② 对于耐力、力量训练者来说

最好在训练前 2~3 个小时安排一次加餐，这是因为剧烈运动会使参与消化的血液流向肌肉和骨骼，影响胃肠部的消化和吸收。如果饭后立即剧烈运动会引起腹痛和不适感。所以需要提前 2~3 个小时安排一次加餐，保证运动训练时充沛的体能。

这个时间段的加餐也很有讲究，面包、麦片、豆奶粉等高糖类食物是首选。这些食物富含淀粉等碳水化合物，又能提供糖类，可作为运动时的能量来源。分量较少的加餐约需 2~3 小时消化，这样可以让你在 2~3 小时后的增肌训练过程中不感觉饥饿，体力充沛，也不会因为吃得太多而感觉肠胃不适。

训练前和训练过程中

对于减肥者来说，运动过程中尽量不要补充含糖的食物，保证脂肪的充分燃烧。

对于耐力和力量训练者来说，在进行力量训练前和运动间歇，应该补充适量香蕉、葡萄干等可以快速吸收的食物，可促进机体吸收和利用血糖，延缓疲劳的产生，让训练过程中有"持续不断"的能量供应，保护肌肉不会因为能量不足而分解，效果更好。

此外，对于各类运动爱好者来说，不论减肥还是为了增强肌肉和体能水平，运动中一定要保证充足的水分补充，这对体能的保持十分重要，因为身体丢失水分3%，运动能力会下降10%~15%。

补充方法：运动时间1小时以内，以补充矿泉水为主；运动时间1小时以上，每运动1小时，补充500毫升富含电解质和维生素的运动饮料；运动3小时，可补充1000毫升左右；高温高湿环境中，根据身体的流汗量适当增加，保证运动全程没有明显的口渴感觉为基本要求。

大强度训练结束 30 分钟内

训练后2小时之内，是修复肌肉、促进恢复的黄金时段，这段时间安排能够快速吸收的高营养密度的加餐，是运动后增肌的关键时间。

对于减肥者来说，运动后适当补充水分或低脂酸奶即可，不必额外补充过多营养。

对于耐力、力量训练者来说，运动后2小时内，至少补充25克氨基酸/蛋白质（如补充1勺乳清蛋白）和每1000克富含糖1.2克的食物。我们还是以70公斤健美爱好者为例，大约需要在2小时之内补充84克碳水化合物，大约500毫升运动饮料加上1根香蕉。

那么，怎样合理安排运动训练前后的加餐？

建议选择以下食物：
关键词：易消化、易吸收、便于携带

食物分类	食物名称	推荐理由
富含碳水化合物（糖）的食物	全麦面包、麦片、豆奶粉、面包、葡萄干、香蕉、苹果、运动饮料等	高糖、低脂肪，满足不同训练时间的需求
富含蛋白质的食物	乳清蛋白、脱脂牛奶	高蛋白、低脂肪，不增加胃肠道负担，容易消化吸收
富含"盐"的食物	运动饮料、香蕉	富含电解质，防止大量盐丢失导致体力下降、脱水、肌肉抽搐等

不建议选择以下食物：

食物分类	食物名称	拒绝理由
精加工的碳水化合物	碳酸饮料、加工过的果汁、糖果、点心等	富含蔗糖等简单糖，造成血糖起起落落，容易引起疲劳和脂肪堆积
高脂肪、高热量食物	人造黄油、饼干、糖果、薯片、蛋糕和油炸食品	产生大量酸性代谢产物，容易引起疲劳、心血管疾病和肥胖
咖啡因	可乐、咖啡、茶饮料	脱水，有兴奋作用，容易过度训练

工具篇

Chapter Three

又破

没什

想掌控自己的人

先管理自己的身

BETTER BODY

BETTER LIFE.

BU

每

剩

健康饮

了怎么办？

破戒频率越来越低就可以！

- 我不想只瘦一天、一星期、一个月，
  还埋下一身健康隐患。
  我想养成健康的生活方式，
  安心快乐地瘦一辈子。
  LIVE THE WAY YOU REALLY LIKE.

100%自律模式没意思！

80%的时间健康饮食就足够，

的时间开心就好！

，让我变得更自律了。

Just Move Your Body!

轻松运动图解攻略

张双双 | edit

一小时健身营养工作室 | 特别协力

"少吃多动"听起来是言简意赅的减肥原则，实践起来却没那么容易，对于上班族来说，运动因受到时间和空间的限制而显得格外艰难，那么怎样才能行之有效地运动呢？经常久坐或加班会造成身体肌肉僵硬，哪里都觉得不舒服，应该如何进行有效的拉伸和放松，帮助恢复正常体态呢？

轻松运动辅助指南将分成两部分为想要运动的上班族提供建议：

一、可以在家中或健身房完成的、需要较为完整的锻炼时间的动作推荐。
二、可以在办公室利用零散时间锻炼、放松、拉伸的动作推荐。

阅读并实践本篇需要注意的是：

① 严格遵守动作要求，以免造成运动损伤，如果有专人辅导更佳。
② 结合自身具体情况量力而行，循序渐进，安全第一。
③ 注意自然呼吸，所有动作过程都不要屏气。
④ 根据自身力量状况选择辅助性器械。

适合在家中、健身房等空间较大区域，利用整段时间进行锻炼。分为热身、训练、拉伸三个部分，时间充足的情况下请按照三部分顺序依次进行，尤其重视热身和拉伸的重要性，肌肉如果得不到充分的激活和放松就很容易造成运动损伤，训练部分请注意动作规范。

可以根据自身需要每天选择不同身体部位的动作进行整合训练，动作数量可以根据自身情况增加或减少。

一、热身

1 向前肩部环绕

动作要求：

① 直立，双脚打开与肩同宽，手指在肩膀处虚握，大拇指点按在肩膀上。

② 胳膊弯曲，肩膀向前做画圆动作，幅度尽量大，速度适中。

作用： 放松肩部肌肉

数量： 10~12 个 / 组 ×3 组

3 支撑弓步转体

动作要求：

①俯卧，双手与肩同宽。

②挺直背部，一侧脚向前最大程度迈开，同侧手肘触地，而后另一条胳膊用力向上伸展，目光随着手移动。

③恢复至双手触地，保持跨步的同时尽力将双腿伸直。

④恢复至起始，做另一侧转体。

作用： 拉伸全身肌肉

数量： 8~10 个 / 组 ×1~3 组

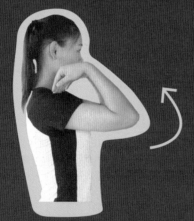

2 髋关节环绕

动作要求：

①直立，双脚自然分开，一侧腿抬起，向外舒展，然后落回站立位置，两腿交替进行。

②第二循环时，一侧腿在外展状态下抬起，内收，落回站立位，两腿交替进行。

作用： 放松胯部肌肉

数量： 10 个 / 组 ×3 组

● 全身训练，激活心肺

1 开合跳

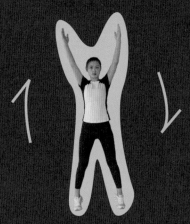

动作要求：
①腰腹收紧，手臂用力绷紧。
②用肩部力量带动手臂抬起，用背部力量下压手臂，用手臂带动身体跳跃。
③双脚开合跳跃，小腿尽可能放松，平视前方。
④感觉身体具有一定弹性，不要过于松懈，配合好呼吸。
作用： 激活心肺
数量： 10 个 / 组 ×3 组（组间休息 30 秒）

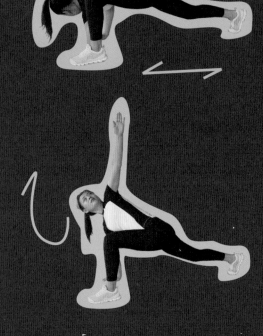

2 Burpees

动作要求：
①双脚与肩同宽站立，俯身下蹲，双手撑地与肩同宽，同时双脚向后跳跃伸直。屈肘，身体触地。
②双手先推起上半身，再将双腿快速向腹部收回，起身跳跃。
③双手在头后击掌后迅速俯身下蹲，没有站立过程。
④尽量向高处跳。
作用： 激活心肺，带动全身肌肉
数量： 10 个 / 组 ×3 组（组间休息 30 秒）

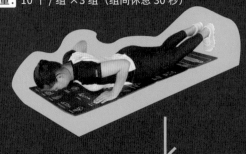

锻炼部位：胸部、肩前部、大臂后侧

数量：10 个 / 组 ×3 组

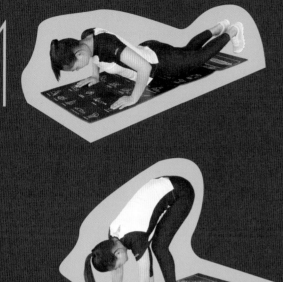

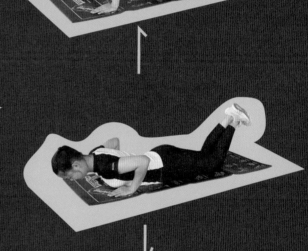

2 蛙泳划臂

动作要求：

①俯卧，腹部和胯部着地，胸部和腿部上抬，双臂向前伸直。

②挺直腰背，夹紧双肩，手臂向后滑动，至大腿两侧，稍作停留。

③打开双肩，双臂向前划至初始位置。

锻炼部位：肩背部

数量：10~12 个 / 组 ×3 组

● 胸部＋肩部＋背部

1 跪姿俯卧撑

动作要求：

①膝盖上方和双手撑地，腰背挺直，从侧面看躯干和大腿成一条直线，双手撑在胸部两侧，与肩同宽。

②曲臂俯身使胸部接触地面，然后双手撑地，伸直手臂还原初始动作。

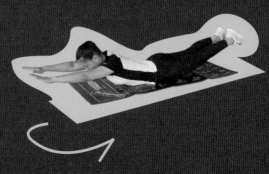

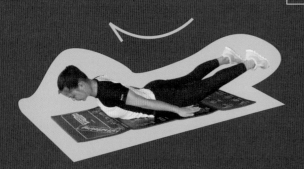

2 小哑铃锤式推举

动作要求：

①自然站立，挺胸收腹。

②拳心相对，对握哑铃，将哑铃弯举到胸前，稍作停顿，发力将哑铃向上推起。

③缓慢放下哑铃至胸前，稍作停顿，返回起始位。

塑形部位： 大臂前侧、肩部前侧

数量： 8~10 个 / 组 ×3 组

● **手臂**

1 小哑铃侧平举

动作要求：

①自然站立，挺胸收腹。

②肩部下沉，举起哑铃，至肘关节与肩同高，同时小拇指位置略高于大拇指。

③以肩部为轴心，想象整条手臂和哑铃成为一个整体在做圆弧运动。

④下放时不要松懈，双臂向内收，不是向下落。

⑤手臂不要锁死，不要耸肩，上半身固定，手臂抬高的高度适中。

塑形部位： 肩部、后颈部

数量： 8~10 个 / 组 ×3 组

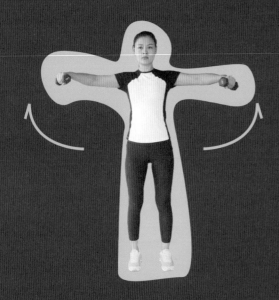

● 腹部·核心肌群

1 卷腹

动作要求：

①平躺，屈膝，双腿分开与肩同宽，双脚踩实。

②双手扶在两耳旁，用腹肌的力量将肩部和上背部卷离地面，在最高点略作停顿后，缓慢回到起始位置。

③卷腹时，下背部保持紧贴地面，手肘保持向外打开。

④卷腹时呼气，下落时吸气。

⑤不要用力伸头，保持颈部自然状态。

锻炼部位：腹部

数量：10~15 个 / 组 ×3 组

②手肘向脚的方向用力，脚尖用力向前钩起，与地面摩擦对抗，小臂紧按地面。

③保持自然呼吸，不要塌腰或弓腰。

锻炼部位：腹部、腿部

时间：30~60 秒 / 次 ×3~5 次

● 臀部＋腿部

1 小哑铃后撤箭步蹲

动作要求：

①自然站立，对握哑铃举至肩上，双手与肩同宽，拳心相对，肩部下沉，腹部收紧。

②一侧腿向后撤步，脚尖点地稳定后竖直下蹲，下蹲至后撤腿的膝盖即将触地，发力起身，换另一侧腿，上半身始终和地面垂直。

③下蹲到底部时，注意：前支撑腿膝盖呈 90°，后撤腿膝盖呈 90°，上半身和地面呈 90°。

塑形部位：大腿前侧、臀部

数量：10~15 个 / 组 ×3 组

2 平板支撑

动作要求：

①俯撑，屈肘，小臂与前脚掌撑地，耳朵、肩膀、髋骨、膝盖、脚踝呈一条直线。

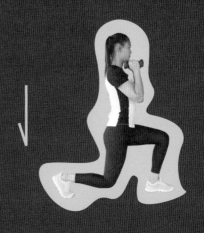

2 缓冲深蹲

动作要求:

①双脚间距略宽于肩,脚尖自然外展,下蹲至大腿与地面平行,双臂前平举,掌心朝下,膝盖与脚尖方向一致,腰背挺直。

②发力向上起跳,同时双脚并拢,双手收回身体两侧。

③再次向上起跳,同时分开双脚,落地屈膝下蹲缓冲,同时双臂前平举至起始位置。

锻炼部位: 大腿前侧

数量: 10~12 个 / 组 ×3 组

④一组完成后,换另一条腿。

塑形部位: 臀大肌

数量: 15 个 / 组 ×3 组(每侧)

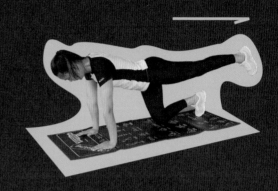

三、拉伸+放松

1 胸部拉伸

动作要求:

①左腿弓步在前,右手叉腰。

②左肩略微耸起,左侧小臂和手掌紧贴墙面,大臂平行于地面。

③上身前移且向右扭转,感受左侧胸部牵拉感。

④换另一侧拉伸放松。

作用: 放松胸部肌肉

时间: 20~30 秒 / 组 ×2 组(每侧)

3 跪姿后踢腿

动作要求:

①俯卧,双手撑地,一侧膝盖着地,另一侧弯曲离地。

②离地一侧的腿向后方上侧伸展,直到伸直,踢腿的同时收腹。

③踢腿要稍微用力,有向后的延伸感。

3 大腿内侧拉伸

动作要求：

①双脚间距是肩宽两倍，脚尖朝向斜前方，重心放在一侧腿上，下蹲至另一侧腿完全伸直。

②背部挺直，微微俯身，将伸直的大腿内侧朝向地面，双手触地后做另一侧。

③脚后跟不要离地。

作用： 放松大腿内侧

时间： 20~30 秒 / 组 ×2 组（每侧）

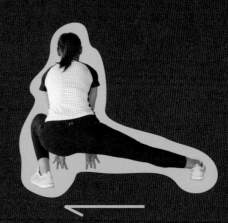

2 手臂拉伸

动作要求：

①直立，挺胸，左臂上举至耳边，肘关节最大幅度折叠。

②右臂扶在左侧肘关节上，向右后方拉。

③换另一侧拉伸。

作用： 大臂后侧（肱三头肌）

时间： 20~30 秒 / 组 ×2 组（每侧）

4 大腿前侧拉伸

动作要求：

①自然站立，钩起右脚，右手握住右脚脚踝，收紧腹部。

②右手发力向上拉，髋部前顶，使右侧大腿前侧有明显牵拉感，保持。

③换另一侧拉伸。

作用： 放松大腿前侧

时间： 20~30 秒 / 组 ×2 组（每侧）

5 小腿后侧拉伸

动作要求:

自然站立,脚尖向前,弯腰,双手撑地,注意保持双腿直立。

作用: 放松小腿后侧

时间: 30~40 秒 / 组 ×3 组

6 腹部拉伸

动作要求:

①俯卧,腿部完全贴地,双手将上半身撑起来,用力拉伸腹部。

②注意挺胸。

作用: 放松腹部

时间: 30~40 秒 / 组 ×3 组

办公室 / 零散时间锻炼篇

适合办公室小空间内的运动和放松,如果实在没有运动的条件和时间,也可以用拉伸放松的动作在工作间隙进行自我体态调整,放松紧绷肌肉,恢复良好状态。

一、激活+训练

● 肩部+颈部+背部

1 俯身 TW 伸展

动作要求:

①屈膝俯身,身体与地面呈 45°,双臂向两侧伸直展开,握拳,大拇指朝上。

②后缩手臂至身体呈"W"字形,双肩放松,夹紧双肘,背部发力,背部中间被挤压。

③挺直背部,头部和脊柱处在同一直线上。

作用: 中背部、肩下部

数量: 8 个 / 组 ×3 组

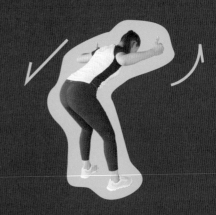

2 靠墙俯卧撑

动作要求：

①面向墙壁双手撑墙，双手之间的距离略大于肩宽，双肘向内收，大臂与躯干呈 70°左右夹角，绷紧身体呈一条直线，双脚微微分开。

②屈肘，身体缓慢向墙壁靠近，脸部贴近墙面，颈部不要刻意前伸，停顿。

③发力将身体推回原位，在最高点手肘微屈。

锻炼部位：胸部、上臂、背部

数量：8~10 个 / 组 ×3 组

左膝，还原，然后换另一侧。

作用：腹部、大腿前侧

数量：10~12 个 / 组 ×3 组（每侧）

2 坐姿单车

动作要求：

①侧坐在椅子上，脚抬离地面。

②转动上身将手肘朝前送，交替触碰对侧膝盖。

③用力提膝，将膝盖靠近手肘。

作用：腹部（斜对角肌肉）

数量：12~15 个 / 组 ×3 组

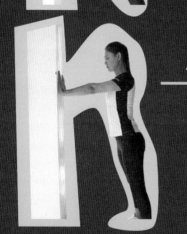

●腹部

1 站姿交替抬腿收腹

动作要求：

①双手置于耳后，双脚分开站立。

②左膝抬高，主动俯身，同时身体扭转，用右手肘去碰

●臀部＋腿部

1 交替侧弓步

动作要求：

①双脚距离约两倍肩宽，脚尖朝向斜前方。

②重心放在一侧腿上，同侧手扶膝盖下蹲，腰背挺直，另一侧手触碰对侧脚尖。

③膝盖与脚尖方向一致，臀部发力蹲起。

④转移重心做另一侧。

作用：大腿内侧

数量：15 个 / 组 ×3 组

2 斜向后交替箭步蹲

动作要求：

①双脚微微分开，收紧腹部，双手交叉置于胸前，肩膀后缩下沉。

②上半身挺直，斜向后撤一侧腿并下蹲，重心位于两脚之间。

③下蹲至前侧大腿与身体呈 90°，前侧大腿与小腿呈 90°，后侧大腿与小腿呈 90°，停顿，前侧腿发力站起回到起始位置。

④双腿交替后撤，每次保持步幅大小相同，后侧膝盖不要着地。

作用：臀部、大腿前侧、大腿内侧

数量：15 个 / 组 ×3 组

二、放松＋拉伸

1 坐姿腿后侧拉伸

动作要求：

①坐在椅子上，左腿伸直，右腿弯曲。

②腰背挺直，向前俯身，双手触摸左腿，感受左腿后侧的牵拉感，脚尖微微钩起。

③换另一侧腿放松。

作用：大腿后侧、小腿后侧

时间：20~30 秒 / 组 ×2 组（每侧）

3 颈部拉伸

动作要求：

①坐在椅子上，双手自然搭在大腿上，保持腰背部挺直，后背贴实椅子。

②右手放在头部左侧，轻轻向右用力。

③换另一侧继续放松。

作用：颈侧

时间：20~30 秒 / 组 ×2 组（每侧）

2 坐姿俯身侧臀部拉伸

动作要求：

①坐在椅子上，左腿放在右腿膝盖上方，腰背部收紧，上身往前倾。

②左手微微用力，用力压左腿膝盖，尽量用力向下，找到一个可以承受的拉伸幅度，保持。

③换另一侧放松。

作用：臀部

时间：20~30 秒 / 组 ×2 组（每侧）

4 坐姿胸部拉伸

动作要求：坐在椅子上，双手向后抓住椅背，身体前倾，挺胸抬头，感受胸部的拉伸感，保持。

作用：胸部、肩部前侧

时间：20~30 秒 / 组 ×3 组

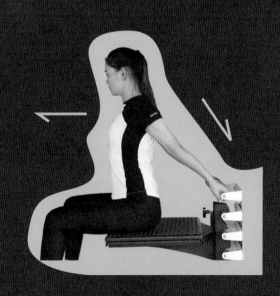

参考文献

1. Rockridge Press. The Clean Eating Cookbook & Diet: Over 100 Healthy Whole Food Recipes & Meal Plans [M]. Rockridge Press, 2013.

2. Michael Mosley, Mimi Spencer. The FastDiet - Revised & Updated: Lose Weight, Stay Healthy, and Live Longer with the Simple Secret of Intermittent Fasting [M]. Atria Books; Rev Upd edition, 2015.

3. M. D. Walter C. Willett, P. J. Skerrett. Eat, Drink, and Be Healthy: The Harvard Medical School Guide to Healthy Eating [M]. Free Press, 2005.

4. Dallas Hartwig, Melissa Hartwig. It Starts With Food: Discover the Whole30 and Change Your Life in Unexpected Ways [M]. Victory Belt Publishing, 2014.

5. Gary Taubes. Why We Get Fat: And What to Do About It [M]. Anchor; Reprint edition, 2011.

6. John Berardi, Ryan Andrews. The Essentials of Sport and Exercise Nutrition Certification Manual [M]. Precision Nutrition, 2010.

7. Ancel Keys. The Biology of Human Starvation[M]. University of Minnesota Press，1950.

8.Gary Taubes. Good Calories, Bad Calories[M]. Anchor Books，2008.

9. Joice R, Yasuda K, Shafquat A, Morgan XC, Huttenhower C.. Determining microbial products and identifying molecular targets in the human microbiome. Cell Metab 2014.

10. Kathy N. Lam, Eric C. Martens, Trevor C. Charles. Developing a Bacteroides System for Func-tion-Based Screening of DNA from the Human Gut Microbiome. mSystems, 2018.

11. Nicholas A. Pudlo, Karthik Urs, Supriya Suresh Kumar, J. Bruce German, David A. Mills, Eric C. Martens. Symbiotic Human Gut Bacteria with Variable Metabolic Priorities for Host Muco-sal Glycans. mBio, 2015.

12. Mahesh S. Desai, Anna M. Seekatz, Nicole M. Koropatkin, Nobuhiko Kamada, Christina A. Hickey, Mathis Wolter, Nicholas A. Pudlo, Sho Kitamoto, Nicolas Terrapon, Arnaud Muller, Vincent B. Young, Bernard Henrissat, Paul Wilmes, Thaddeus S. Stappenbeck, Gabriel Núñez, Eric C. Martens. A dietary fiber-deprived gut microbiota degrades the colonic mucus barrier and enhances pathogen susceptibility. Cell, 2016.

13. Else Vogel, Annemarie Mol. Enjoy Your Food: on Losing Weight and Taking Pleasure[J]. Sociology of Health & Illness, 14.,Volume 36, Issue 2, 305–317, 2014.

14. Fischer JE: Surgical NutritionLittle[J]. Brown and Company Boston, P97-126, 129-163, 1983.

15. Sune Bergstrom, Henry Danielsson, Dorrit Klenberg, Bengt Samuelsson. The Enzymatic Conversion of Essential Fatty Acids into Prostaglandins[J]. The Journal Of Biological Chemistry, 1964.

16. Lands, William E.M.. Biochemistry and physiology of n-3 fatty acids. FASEB Journal (Federation of American Societies for Experimental Biology), 1992.

17. Amos Bairoch. THE ENZYME database in 2000. Nucleic Acids Research, 2000.

18. McArdle WD etal: Exercise Physiology…Energy, Nutrition, and Human Performance, Lea and Febiger Philadelphia, 1981, p.406.

19. Pschyrembel W. Klinisches Wörterbuch[M]. Berlin: De Gruyter; 2014.

20. Pi-Sunyer Fx. Obesity: Criteria and classification[J]. Proc Nutr Soc. 2000;59:505–9.

21. Björntorp P 1991 Metabolic implications of body fat distribution[J]. Diabetes Care 14:1132–1143

22. Bouchard C, Despres JP, Mauriege P 1993 Genetic and nongenetic determinants of regional fat distribution[J]. Endocr Rev 14:72–93

23. Micheal D. Jensen.Role of Body Fat Distribution and the Metabolic Complications of Obesity[J].2008.11; 93

（11 Suppl 1）：S57-S63

24. Ruben Meerman. Big Fat Myths[M]. Australi：Random House Australia.2016.09

25. Multhauf, Robert. Neptune's Gift: A History of Common Salt. The Johns Hopkins University Press. 1996.

26. Fulton A, Isaacs W. Titin, a huge, elastic sarcomeric protein with a probable role in morphogenesis. Bioessays. 1991, 13 (4): 157–61.

27. Am J Clin Nutr , Glycemic index of foods: a physiological basis for carbohydrate exchange. 2002, P 362 － 366.

28. 森拓郎 . 運動指導者が断言！ダイエットは運動１割、食事９割 [M]. ディスカヴァー・トゥエンティワン , 2014.

29. 渡辺信幸 . 日本人だからこそ「ご飯」を食べるな 肉・卵・チーズが健康長寿をつくる [M]. 講談社 , 2014.

30. 范志红 . 食物营养与配餐 [M]. 北京 : 中国农业大学出版社 , 2010.

31. 中国营养学会 . 中国居民膳食营养素参考摄入量速查手册（2013 版）[M]. 北京 : 中国标准出版社 , 2014.

32. 于珺美 . 营养学基础 [M]. 北京 : 科学出版社 , 2013.

33. 中国就业培训技术指导中心组织 . 公共营养师（基础知识）[M]. 北京 : 中国劳动社会保障出版社 , 2012.

34. 国家卫生计生委 . 中国居民营养与慢性病状况报告（2015）[R]. 2015.

35. 王镜岩 . 生物化学第三版 [M]. 北京 : 高等教育出版社 , 2007.

36. 梅岩艾 . 生理学原理 [M]. 北京 : 高等教育出版社 , 2011.

37. 路易丝·福克斯克罗夫特 . 卡路里与束身衣——跨越两千年的节食史 [M]. 北京 : 生活·读书·新知三联书店 , 2015.

38. 迈克尔·波伦 . 为食物辩护：食者的宣言 [M]. 北京：中信出版社，2017.

39. 迈克尔·波伦 . 吃的法则 [M]. 北京：中信出版社，2017

40. 吴诗光 , 周琳 . 对酶概念的再认识 [N]. 生物学通报 , 2002(04).

41. 中国营养学会 . 中国居民膳食指南 2016. 人民卫生出版社，2016.6

42. 中国营养学会 . 中国糖尿病膳食指南，2017.

43. 吴翠珍 . 医学营养学 . 北京 : 中国中医药出版社 ,2016.08.

44. 郭振楚 . 糖类化学 . 化学工业出版社 . 2005-08.

45. 顾中一 . 我们到底应该怎么吃 [M]. 北京：科学技术文献出版社 , 2015.

参考网站

1. 美国农业部

（United States Department of Agriculture）

http://www.usda.gov/wps/portal/usda/usdahome

2. 中华人民共和国香港特别行政区政府食物安全中心

（The Government of the Hong Kong Special Administrative Region: Centre for Food Safety）

http://www.cfs.gov.hk/

3. 澳洲新西兰食品标准管理局

（Food Standards Australia New Zealand）

http://www.foodstandards.gov.au/

4. 康泰纳仕食物营养数据

（Condé Nast SELFNutritionData）

http://nutritiondata.self.com/

5. 世界卫生组织

（World Health Organization）

http://www.who.int/en/

6. 中国居民膳食指南

（The Chinese Dietary Guidelines）

http://dg.cnsoc.org/

7. 哈佛健康出版

（Harvard Health Publishing ）

https://www.health.harvard.edu/

8. 英国医学期刊

（The BMJ）

https://www.bmj.com/

9. 今日医学新闻

（Medical News Today）

https://www.medicalnewstoday.com/

10. 科学美国人

（Scientific American）

https://www.scientificamerican.com/

11. 美国国家医学图书馆

（PubMedCentral）

https://www.ncbi.nlm.nih.gov/

12. 蛋白质数据库

（Protein Data Bank）

http://www.rcsb.org/

13. 人类蛋白质图集

（The Human Protein Atlas）

http://www.proteinatlas.org/

14. 人类蛋白质参考数据库

（Human Protein Reference Database）

http://www.hprd.org/

15. 美国石油化学家协会

（American Oil Chemical Society）

https://www.aocs.org/

16. 美国疾病控制与预防中心

（Centers for Disease Control and Prevention）

https://www.cdc.gov/

WHERE TO BUY

食帖出版物零售名录

WEBSITE ·网站·

亚马逊 / 当当网 / 京东

文轩网 / 博库网

TMALL ·天猫·

中信出版社官方旗舰店

博文图书专营店

墨轩文阁图书专营店 / 唐人图书专营店

新经典一力图书专营店

新视角图书专营店 / 新华文轩网络书店

BEIJING ·北京·

三联书店 / Page One / 单向空间

时尚廊 / 字里行间 / 中信书店

万圣书园 / 王府井书店 / 西单图书大厦

中关村图书大厦 / 亚运村图书大厦

SHANGHAI ·上海·

上海书城福州路店 / 上海书城五角场店

上海书城东方店 / 上海书城长宁店

上海新华连锁书店港汇店

季风书园上海图书馆店

"物心"K11店(新天地店)

MUJI BOOKS上海店

GUANGZHOU ·广州·

广州方所书店 / 广东联合书店

广州购书中心 / 广东学而优书店

新华书店北京路店

SHENZHEN ·深圳·

深圳西西弗书店 / 深圳中心书城

深圳罗湖书城 / 深圳南山书城

JIANGSU ·江苏·

苏州诚品书店 / 南京大众书局

南京先锋书店 / 南京市新华书店

凤凰国际书城 / 常州半山书局

ZHEJIANG ·浙江·

杭州晓风书屋 / 杭州庆春路购书中心

杭州解放路购书中心 / 宁波市新华书店

HENAN ·河南·

三联书店郑州分销店 / 郑州市新华书店

郑州市图书城五环书店

郑州市英典文化书社

GUANGXI ·广西·

南宁西西弗书店 / 南宁书城新华大厦

南宁新华书店五象书城

FUJIAN ·福建·

厦门外图书城 / 福州安泰书城

SHANDONG ·山东·

青岛书城 / 青岛方所书店

济南泉城新华书店

SHANXI ·山西·

山西尔雅书店

山西新华现代连锁有限公司图书大厦

SHANXI ·陕西·

曲江书城

HUBEI ·湖北·

武汉光谷书城 / 文华书城汉街店

HUNAN ·湖南·

长沙弘道书店

TIANJIN ·天津·

天津图书大厦

ANHUI ·安徽·

安徽图书城

JIANGXI ·江西·

南昌青苑书店

HONGKONG ·香港·

香港绿野仙踪书店

YUNNAN GUIZHOU ·云贵川渝· SICHUAN CHONGQING

成都方所书店 / 重庆方所书店

贵州西西弗书店 / 重庆西西弗书店

成都西西弗书店 / 文轩成都购书中心

文轩西南书城 / 重庆书城

重庆精典书店 / 云南新华大厦

云南昆明书城

云南昆明新知图书百汇店

THE NORTHEAST ·东北地区·

大连市新华购书中心

沈阳市新华购书中心

长春市联合图书城 / 长春市学人书店

新华书店北方图书城

长春市新华书店 / 哈尔滨学府书店

哈尔滨中央书店 / 黑龙江省新华书城

THE NORTHWEST ·西北地区·

甘肃兰州新华书店西北书城

甘肃兰州纸中城邦书城

宁夏银川市新华书店

新疆乌鲁木齐新华书店

新疆新华书店国际图书城

AIRPORT ·机场书店·

北京首都国际机场T3航站楼中信书店

杭州萧山国际机场中信书店

福州长乐国际机场中信书店

西安咸阳国际机场T1航站楼中信书店

福建厦门高崎国际机场中信书店

21天
健康瘦身饮食日记

21 DAYS HEALTHY DIET NOTE

NAME: _____

AGE: _____

Better Diet, Better Body!

PART 01

先称量当天的体重和腰围，然后参照下面的计算公式，算出大致的体脂肪率，并记录下来。

01. 成年女性的体脂率计算公式：

参数 a = 腰围（厘米）× 0.74

参数 b = 体重（公斤）× 0.082 + 34.89

体脂肪重量（公斤）= a − b

体脂率 =（身体脂肪总重量 ÷ 体重）× 100%

02. 成年男性的体脂率计算公式：

参数 a = 腰围（厘米）× 0.74

参数 b = 体重（公斤）× 0.082 + 44.74

体脂肪重量（公斤）= a − b

体脂率 =（身体脂肪总重量 ÷ 体重）× 100%

PART 02

一日三餐内是否充分摄入了各种类型的食材与营养？每餐吃完打个勾，就能一目了然。

PART 03

除了三餐，有没有忍不住吃了其他零食或喝了其他饮品？别骗自己，写出来吧。

PART 04

今天做运动了吗？做了什么运动？多长时间？爬楼梯也算。

21 天后目标减重多少斤:

_____

21 天后目标体脂肪率:

_____

21 天后目标腰围:

_____

达成目标后给自己的奖励:

_____

对此刻的自己说一句话:

_____

DAY 01

日期:　　　　　　今天的体重:　　　　　体脂肪率:

	早	午	晚
全谷物			
蔬菜类			
菌藻类			
鱼贝海鲜			
禽肉			
瘦肉			
豆类			
蛋类			
乳品类			
水果类			
油类			

	时间	内容	卡路里
零食:			
酒精:			
其他饮品:			

今天的运动:

DAY 02

日期： 今天的体重： 体脂肪率：

	早	午	晚
全谷物			
蔬菜类			
菌藻类			
鱼贝海鲜			
禽肉			
瘦肉			
豆类			
蛋类			
乳品类			
水果类			
油类			

	时间	内容	卡路里
零食：			
酒精：			
其他饮品：			

今天的运动：

DAY 03

日期： 今天的体重： 体脂肪率：

	早	午	晚
全谷物			
蔬菜类			
菌藻类			
鱼贝海鲜			
禽肉			
瘦肉			
豆类			
蛋类			
乳品类			
水果类			
油类			

	时间	内容	卡路里
零食：			
酒精：			
其他饮品：			

今天的运动：

DAY 04

日期：　　　　　　　今天的体重：　　　　　体脂肪率：

	早	午	晚
全谷物			
蔬菜类			
菌藻类			
鱼贝海鲜			
禽肉			
瘦肉			
豆类			
蛋类			
乳品类			
水果类			
油类			

	时间	内容	卡路里
零食：			
酒精：			
其他饮品：			

今天的运动：

DAY 05

日期：　　　　　　　今天的体重：　　　　　体脂肪率：

	早	午	晚
全谷物			
蔬菜类			
菌藻类			
鱼贝海鲜			
禽肉			
瘦肉			
豆类			
蛋类			
乳品类			
水果类			
油类			

	时间	内容	卡路里
零食：			
酒精：			
其他饮品：			

今天的运动：

DAY 06

日期： 今天的体重： 体脂肪率：

	早	午	晚
全谷物			
蔬菜类			
菌藻类			
鱼贝海鲜			
禽肉			
瘦肉			
豆类			
蛋类			
乳品类			
水果类			
油类			

	时间	内容	卡路里
零食：			
酒精：			
其他饮品：			

今天的运动：

DAY 07

日期： 今天的体重： 体脂肪率：

	早	午	晚
全谷物			
蔬菜类			
菌藻类			
鱼贝海鲜			
禽肉			
瘦肉			
豆类			
蛋类			
乳品类			
水果类			
油类			

	时间	内容	卡路里
零食：			
酒精：			
其他饮品：			

今天的运动：

DAY 08

日期：	今天的体重：	体脂肪率：

	早	午	晚
全谷物			
蔬菜类			
菌藻类			
鱼贝海鲜			
禽肉			
瘦肉			
豆类			
蛋类			
乳品类			
水果类			
油类			

	时间	内容	卡路里
零食：			
酒精：			
其他饮品：			

今天的运动：

DAY 09

日期：	今天的体重：	体脂肪率：

	早	午	晚
全谷物			
蔬菜类			
菌藻类			
鱼贝海鲜			
禽肉			
瘦肉			
豆类			
蛋类			
乳品类			
水果类			
油类			

	时间	内容	卡路里
零食：			
酒精：			
其他饮品：			

今天的运动：

DAY 10

日期：　　　　　　今天的体重：　　　　　体脂肪率：

	早	午	晚
全谷物			
蔬菜类			
菌藻类			
鱼贝海鲜			
禽肉			
瘦肉			
豆类			
蛋类			
乳品类			
水果类			
油类			

	时间	内容	卡路里
零食：			
酒精：			
其他饮品：			

今天的运动：

DAY 11

日期：　　　　　　今天的体重：　　　　　体脂肪率：

	早	午	晚
全谷物			
蔬菜类			
菌藻类			
鱼贝海鲜			
禽肉			
瘦肉			
豆类			
蛋类			
乳品类			
水果类			
油类			

	时间	内容	卡路里
零食：			
酒精：			
其他饮品：			

今天的运动：

DAY 12

日期： 今天的体重： 体脂肪率：

	早	午	晚
全谷物			
蔬菜类			
菌藻类			
鱼贝海鲜			
禽肉			
瘦肉			
豆类			
蛋类			
乳品类			
水果类			
油类			

	时间	内容	卡路里
零食：			
酒精：			
其他饮品：			

今天的运动：

DAY 13

日期： 今天的体重： 体脂肪率：

	早	午	晚
全谷物			
蔬菜类			
菌藻类			
鱼贝海鲜			
禽肉			
瘦肉			
豆类			
蛋类			
乳品类			
水果类			
油类			

	时间	内容	卡路里
零食：			
酒精：			
其他饮品：			

今天的运动：

DAY 14

日期： 今天的体重： 体脂肪率：

	早	午	晚
全谷物			
蔬菜类			
菌藻类			
鱼贝海鲜			
禽肉			
瘦肉			
豆类			
蛋类			
乳品类			
水果类			
油类			

	时间	内容	卡路里
零食：			
酒精：			
其他饮品：			

今天的运动：

DAY 15

日期： 今天的体重： 体脂肪率：

	早	午	晚
全谷物			
蔬菜类			
菌藻类			
鱼贝海鲜			
禽肉			
瘦肉			
豆类			
蛋类			
乳品类			
水果类			
油类			

	时间	内容	卡路里
零食：			
酒精：			
其他饮品：			

今天的运动：

DAY 16

日期：　　　　　　今天的体重：　　　　　　体脂肪率：

	早	午	晚
全谷物			
蔬菜类			
菌藻类			
鱼贝海鲜			
禽肉			
瘦肉			
豆类			
蛋类			
乳品类			
水果类			
油类			

	时间	内容	卡路里
零食：			
酒精：			
其他饮品：			

今天的运动：

DAY 17

日期：　　　　　　今天的体重：　　　　　　体脂肪率：

	早	午	晚
全谷物			
蔬菜类			
菌藻类			
鱼贝海鲜			
禽肉			
瘦肉			
豆类			
蛋类			
乳品类			
水果类			
油类			

	时间	内容	卡路里
零食：			
酒精：			
其他饮品：			

今天的运动：

DAY 18

日期:　　　　　今天的体重:　　　　　体脂肪率:

	早	午	晚
全谷物			
蔬菜类			
菌藻类			
鱼贝海鲜			
禽肉			
瘦肉			
豆类			
蛋类			
乳品类			
水果类			
油类			

	时间	内容	卡路里
零食:			
酒精:			
其他饮品:			

今天的运动:

DAY 19

日期:　　　　　今天的体重:　　　　　体脂肪率:

	早	午	晚
全谷物			
蔬菜类			
菌藻类			
鱼贝海鲜			
禽肉			
瘦肉			
豆类			
蛋类			
乳品类			
水果类			
油类			

	时间	内容	卡路里
零食:			
酒精:			
其他饮品:			

今天的运动:

DAY 20

日期：　　　　　　今天的体重：　　　　　　体脂肪率：

	早	午	晚
全谷物			
蔬菜类			
菌藻类			
鱼贝海鲜			
禽肉			
瘦肉			
豆类			
蛋类			
乳品类			
水果类			
油类			

	时间	内容	卡路里
零食：			
酒精：			
其他饮品：			

今天的运动：

DAY 21

日期：　　　　　　今天的体重：　　　　　　体脂肪率：

	早	午	晚
全谷物			
蔬菜类			
菌藻类			
鱼贝海鲜			
禽肉			
瘦肉			
豆类			
蛋类			
乳品类			
水果类			
油类			

	时间	内容	卡路里
零食：			
酒精：			
其他饮品：			

今天的运动：

类型	食物	分量	重量（克）	热量（千卡）	含糖量（克）
主食类	米饭	1 碗	160		122.6
	白吐司	1 片	60	158	26.6
	黑麦吐司	1 片	60	158	28.3
	法棍	1 根	250	698	137
	羊角包	1 个	45	202	18.9
	贝果	1 个	90	248	46.9
	燕麦片	1 份	20	76	11.9
	挂面	1 份	150	297	54.8
	方便面（仅面饼）	1 份	90	412	53.1
	意大利面	1 份	250	413	75.8
	荞麦面	1 份	250	285	51.5
	米粉	1 份	75	283	59.3
	年糕	1 块	50	117	25.2
蔬菜类	南瓜	1/8 个	200	182	34.2
	牛蒡	1 根	170	111	16.5
	萝卜	1 根	850	153	23.8
	洋葱	半个	100	38	7.3
	冬瓜	1 个	2000	320	50
	番茄	1 个	170	32	6.3
	胡萝卜	1 根	150	54	9.5
	玉米	1 根	175	161	24.2
	红薯	1 根	270	362	80.2
	马铃薯	1 个	100	76	16.3
	山药	1 段	100	108	21.2
水果类	脐橙	1 个	150	69	16.2
	柿子	1 个	150	90	21.5
	葡萄柚	1 个	250	95	22.5
	车厘子	5 个	65	43	10.2
	石榴	1 个	100	56	15.5
	西瓜	1 片	150	56	13.8
	洋梨	1 个	250	119	27.5
	香蕉	1 根	100	86	21.4
	葡萄	1 串	200	118	30.4
	芒果	半个	150	96	23.4
	桃子	1 个	170	68	15.1
	苹果	1 个	200	114	28.2
零食类	薯片	1 包	85	459	44.6
	炸薯角	1 份	135	320	39.6
	戚风蛋糕	1 块	70	209	37.1
	甜甜圈	1 个	100	193	21.2
	泡芙	1 个	60	137	15.2
	牛奶巧克力	1 块	65	363	33.7
饮品类	啤酒	1 杯	350	140	10.9
	可口可乐	1 瓶	500	230	57
	养乐多	1 瓶	65	46	10.7
	橙汁	1 杯	200	84	21.4

* 以体重 80 公斤的人为参考标准

运动	时长
走路	30 分钟
慢跑（速度约 120~130 米 / 分钟）	10 分钟
游泳（速度约 45 米 / 分钟）	9 分钟
跳绳	18 分钟
瑜伽	24 分钟
普拉提	24 分钟
舞蹈（芭蕾等）	15 分钟
骑车	20 分钟
上楼梯	15 分钟
下楼梯	20 分钟
做饭	36 分钟
园艺	18 分钟
擦地	19 分钟

Free Memo

Free Memo

Free Memo

Free Memo

21 天重生计划

21 DAYS
REBORN PROGRAM